絵でわかる
An Illustrated Guide to Parasitology
寄生虫の世界

目黒寄生虫館名誉館長
小川和夫 監修
長谷川英男 著
Hideo Hasegawa

講談社

ブックデザイン：安田あたる
本文図版：長谷川英男

監修のことば

目黒寄生虫館が開設されたのは今から60年以上も前のことです。その当時の日本ではカイチュウやギョウチュウをはじめとする寄生虫の感染者は7割にも達していて，寄生虫病は結核と並んで国民病とよばれるほどでした。その後，野菜の生産に人糞肥料が使われなくなり，衛生教育が徹底された結果，これらの寄生虫感染者は0.1％以下に激減しました。寄生虫が日常生活から消えていく一方で，目黒寄生虫館がさまざまなメディアに紹介されるようになりました。とくに若い世代の人たちが反応しています。今，彼らは寄生虫を見たことがないがゆえに興味を持って来館するようです。長く寄生虫研究にかかわってきた者として，うれしい現象ではあります。しかし，身近な寄生虫の激減は，寄生虫学を研究する若い人の減少につながっているように思います。将来の進路を決める前の若い人たちに寄生虫や寄生虫学の奥深さや本当の面白さを知ってもらいたいものです。もう少し体系的に寄生や寄生虫のことを理解するためには，これまでは医学や獣医学の専門書を開くしかありませんでした。しかし，それでは敷居が高すぎます。今回刊行された，長谷川英男先生による『絵でわかる寄生虫の世界』は，高校生や教養課程の大学生が読むのに相応しい入門書です。長谷川先生の専門は線虫学ですが，患者の病理組織切片にみられる寄生虫の一部分の形態から，それがどんな寄生虫かを同定してしまう，形態学の第一人者でもあります。先生の描かれた図を見るだけでも寄生虫がいかに多様な生物集団かを感じ取ることができます。入門書とはいえ，免疫など専門書並みの情報もふんだんに盛り込まれていて，類書にない特徴となっています。寄生虫は日本人から消えつつあると書きましたが，本書を読めば，じつは世界の多くの人がいまだに寄生虫病に苦しんでいることもわかります。カイチュウだけでも10億人をはるかに超える患者がいます。なぜ途上国では感染者が減らないのでしょうか。本書はまた，人の想像を超えた寄生虫の繁殖戦略，寄生虫と宿主の共進化，生態系の中で果たす寄生虫の役割など，読者の興味を引く話題がいろいろな切り口で書かれています。本書を通して寄生虫の面白さを知ってほしいという長谷川先生の熱い思いを感じ取ってください。

（公財）目黒寄生虫館 館長 小川和夫

まえがき

最近パラサイトという言葉がすっかり市民権を得ています。成人しても結婚せず，親に衣食住を依存するパラサイトシングル。働かずに引きこもって老親の年金で生活する年金パラサイト。「パラサイトする」という動詞まで使われています。これらは人間をパラサイトすなわち寄生虫扱いしているわけです。現在の私たちは日常では実際の寄生虫を見ることはほとんどありません。寄生虫にまず無縁な生活を送っているのに，人間をパラサイト扱いするようになったのはなぜでしょうか。パラサイト parasite の語源は古代ギリシャ語の「パラシトス」にあります。「パラ」は「側」，「シトス」は「穀物・食物」の意味です。原義ではパラサイトは金持ちの家で「食卓の傍ら」にあって，媚びへつらい，おこぼれにあずかる道化をさしたようです。つまり元来パラサイトは人に対して使われた言葉なのです。そう考えると，現在のようにパラサイトを人にあてはめるのも，あながち的外れではありません。奇妙なことに日本人は西洋語にわけもなく高級感を抱く傾向があります。パラサイトを寄生虫といい換えた途端にイメージが悪くなる読者も少なくないのではないでしょうか。

この本を手にとられた読者の大多数は，寄生虫をグロテスクで不潔な，悪い生き物で，決して自分にとりついてほしくない，むしろすべて世の中から排除すべき存在だと感じているはずです。しかし本書はそのような立場から寄生虫を解説するものではありません。むしろそれよりもこんなに精妙な形，複雑で不思議な生活をしていることに目を開いてほしいのです。同時に，寄生虫のいない生き物はいないということを理解することが重要です。寄生虫に寄生する寄生虫すらいるのです。もちろん本書では人やペット，家畜の重要な寄生虫とそれが起こす病気についても触れています。現在は人に寄生虫がいれば治療・駆虫の対象です。しかし歴史的にみればヒトに寄生虫がいない状態こそ異常ともいえるのです。読み終わったとき，寄生虫って何と面白い生き物なんだろう，と思っていただくことを本書の目的としています。

長谷川英男

絵でわかる寄生虫の世界　目次

第2章 ヒトと寄生虫のかかわり 49

第3章 代表的な寄生虫の生態と生活環 63

コラム

寄生虫学とはどんな学問か

そもそもパラサイトという言葉はいくつかの意味を包括しているのですが，それらを日本語に訳すと「寄生体」，「寄生虫」あるいは「寄生生物」となります。これらの言葉の使われ方は曖昧ですが，ウイルスや細菌は「寄生体」とよび，より大きいものを「寄生虫」とよぶ慣例になっています。「寄生生物」にはヤドリギなどの寄生植物も含まれます。便宜的には寄生体が動物の場合を寄生虫とよぶ，と考えてよいでしょう。ウイルスや細菌を扱う学問が微生物学 microbiology（あるいはウイルス学 virology，細菌学 bacteriology に分けられる），寄生虫を扱う学問が寄生虫学 parasitology です。

日本の大学では寄生虫学の研究室はほとんどが医学部や獣医学部，農学や水産系の学部にあります。国や都道府県の公衆衛生関係や畜産・水産関係の研究所でも寄生虫の研究をしています。これは寄生虫をおもに害の面から認識してきたことによります。そのため寄生虫学は，人，家畜，有用魚介類の寄生虫についての形態や生活環の解明，寄生虫症の病理や診断，治療と予防を扱うものであり，応用科学と考えられがちです。しかし欧米では寄生虫学研究室は理学部動物学教室にもあるのがふつうで，そこでは寄生虫や寄生現象を，純粋科学として研究する傾向があります。また日本では博物館というと陳列展示する場所というイメージだけが強いのですが，欧米では博物館は研究に重きを置いており，寄生虫学関係でもとくに寄生虫の系統や進化について重要な研究が行われてきました。日本でも国立科学博物館や目黒寄生虫館では寄生虫の研究者が活発な研究を行っています。遺伝子についての情報が急速に蓄積されている現在では，数理統計学など，一見すると寄生虫と無関係に思える分野の研究者も加わって，生命進化の初期段階で寄生現象が重要な役割を果たしたことを解明しようとしています。

本書では，1章でまず寄生とは何かをとりあげ，若干の言葉の解説をしたあと，第2章で私たちヒトと寄生虫のかかわりを，第3章ではさまざまな寄生虫の不思議な生活をとりあげます。

第1章 寄生虫の世界

1 寄生とはなにか

寄生虫と聞けばだれでも感覚的にわかっている気がするでしょう。しかし寄生を定義することは，じつはたいへん困難なのです。岩波生物学辞典では「共生の，ふつうはそれによって寄生者が利益を受ける片利共生の一形態」と出ています。生物学的には「寄生は共生の一型」なのです。寄生と共生はまったく逆にみえますが，生物学的にははっきりした区別はないのです。しかしこの定義ではなんだか物足りない気がします。ウェブスター国際辞典第3版では，寄生虫とは「ほかの生物内ないし表面に生活し，それから必要とする有機栄養物のすべてないし一部を得，通常はある程度の構造的適応を示し，その宿主にある程度の病害を与える生物」であるとしています。この定義はなかなかよくできていて，一般の感覚に近いものがあります。しかし「ある程度の病害」を除けば，ほかの特色は共生生物にもみられる特徴です。そして共生とされている関係をみていくと，必ずしも友好的な関係ではないことがわかります。

共生には互いに利益となる双利共生と，一方は利益があるが他方には利益のない片利共生がありますが，両者の区別は容易ではありません。クマノミという珊瑚礁の魚は，イソギンチャクの触手の間に住んでいます。イソギンチャクの触手には刺胞があり，普通の魚類はそれに刺されるため，近寄りません。クマノミは体表に刺胞を刺激しない粘液があるのでクマノミは触手に守られることになります。しかしイソギンチャクにとってはクマノミの存在は利益にならないので，この関係は片利共生とみられていました。クマノミはイソギンチャクの触手を食べにくるチョウチョウウオを追い払ったり，触手間のゴミを除去したりするので相利共生とみなされることもあります。逆にクマノミもときにイソギンチャクの触手を食べることもあり，そうなると寄生に近い関係になります。コバンザメは頭部の吸盤でジンベイザメやマンタなど大型の魚類に吸着して移動し，大型魚の食べ残した食物を食べたりします。大型の魚類には害もメリットもないとして，片利共生の例とされますが，大型魚類でもコバンザメの吸着によって移動に要するエネルギーが増えるはずですし，吸着による不快な刺激もあるかもしれません。逆に大型魚類の体表にいる寄生性甲殻類を食べることもあるようで，そうなると相利共生ともいえます。アリとアリマキは双利共生の関係にあり，アリマキはアリに敵から防衛してもらったり，より食物として有利な場所へ運んでもらったりし，一方，アリはアリマキが出す甘露を得ています。しかしいったんアリマキが役立たずになれば，アリはアリマキを殺して餌にしてしまいます。

ウシの胃は４つの部分に分かれていますが，まず餌が食べられたあと入るのはルーメン（第１胃，瘤胃）という部分です。ここには莫大な数の原生動物や細菌が住んでいて，ウシが食べた植物を分解し，消化されやすくします（**図 1-1**）。ウシはこの半消化状態のものを第２胃を経て口に戻して噛み直し（これを反芻といいます），再び飲み込んで，第３胃，第４胃で消化し，幽門から十二指腸へと送り出します。ウシはルーメンの微生物がいないと植物のセルロースを消化できず，死んでしまいます。その意味ではウシを草食動物とよぶのはふさわしくないかもしれません。一方，これらの微生物はウシの胃でしか生きられません。絶対的な共生関係が成立しているのです。しかし微生物は反芻のあと胃液で殺され，消化され，ウシの栄養となってしまいます。これらの例をみてくると，「共生」という生物学的現象は，人間的な感情を抜きにして理解する必要があることがわかります。

微生物に依存しているのはウシだけではありません。わたしたちヒトも腸内や皮膚等に莫大な数の常在菌がいて，体の安定状態を保っています。ヒトは自身でビタミンＫや葉酸を合成することはできませんが，通常これらの欠乏に陥らないのは，腸内細菌が合成してくれているためです。今のわたしたちには細菌よりもっと大きな共生生物はいないのでしょうか？　ヒ

図 1-1 哺乳類の共生繊毛虫

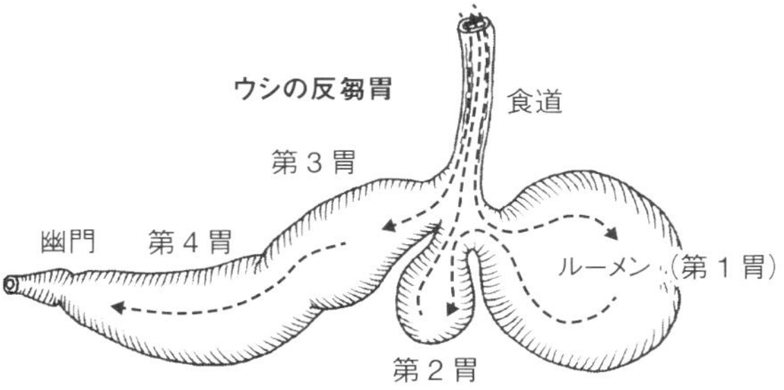

ウシの反芻胃

食道

第 3 胃

幽門　第 4 胃

ルーメン（第 1 胃）

第 2 胃

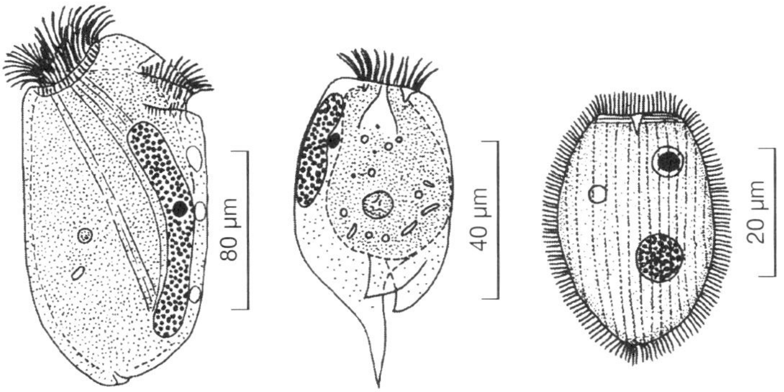

80 μm　40 μm　20 μm

Diplodinium hegneri　*Entodinium caudatum*　*Buetchilia parva*

ウシのルーメンに生息する繊毛虫

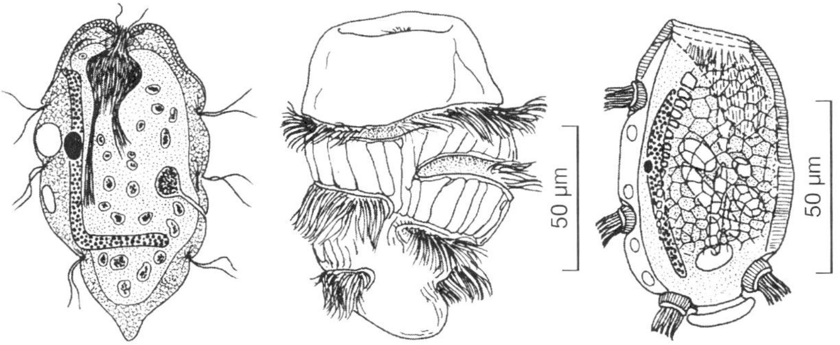

50 μm　50 μm

Troglodytella abrassarti（チンパンジーに共生；
左は断面，右は走査電子顕微鏡像に基づく外観）

Prototapirella gorillae
（ゴリラに共生）

霊長類の盲腸・大腸に生息する繊毛虫

（Imai et al.（1991），Kent（1969），Smyth（1994），Swezey（1934）を改写）

トにもっとも近縁な霊長類はチンパンジーやゴリラですが，野生の彼らの大腸には莫大な数の繊毛虫がいます（**図 1-1**）。大きいものは肉眼でもみえるほどの大きさです。これらは病原性がない共生生物と考えられていますし，むしろ宿主腸内の発酵に寄与しているとも考えられています。しかし，動物園で飼育されているチンパンジーやゴリラを調べると，これらの共生繊毛虫はほとんどついていません。おそらく人工的環境や餌などがこれらの繊毛虫の生存に適さないのだと思われます。きっとヒトは進化の途上で，このような共生繊毛虫を失ったのでしょう。

2 寄生虫学で使う言葉

寄生虫学では，基本的な言葉がいくつかありますので，ここで具体例をみながら解説しておきましょう。

寄生虫の名称：一般に生物学では動植物の名称（種名）は片仮名で表記されます。しかし内部寄生虫に限って医学や獣医学では漢字表記することが慣例となっています。漢字表記のほうが名称の意味を理解しやすいので，本書では寄生虫名は基本的に漢字表記とし，初めて出てくる場合には括弧書きで片仮名をつけて，たとえば回虫（カイチュウ）のように表記しています。回虫を英語では roundworm といいます。これらの，各言語による名称を普通名といいます。それに対して，学術的に与えられた名称を学名といいます。回虫の学名は *Ascaris lumbricoides* です。*Ascaris* は属名，*lumbricoides* は種小名といいます。このように属名と種小名を組み合わせて種を表す二名法はリンネが 1758 年に提唱したもので，現在までこの方式が採用されています。

宿主（しゅくしゅ，やどぬし）：寄生虫を宿す生物をさします。寄主（きしゅ）という言葉も同義で使われますが，どちらかといえば植物（たとえば昆虫が食べる植物）に使うことが多いようです。英語はともに host です。宿主はしたがって動物の場合も，植物の場合もあるわけですが，本書ではおもに動物の寄生虫をとりあげます。

終宿主（しゅうしゅくしゅ）：寄生虫の成虫が寄生する動物をいいます。

固有宿主：終宿主のうち，その寄生虫の成虫が主として寄生するものをさします。

中間宿主：幼虫が発達して感染できる状態の幼虫（**感染幼虫**）になるために寄生する動物のことです。中間宿主を２つ必要とする場合は発育する順番に第１中間宿主，第２中間宿主とよびます。中間宿主を必要としない寄生虫もいます。なお幼虫を**幼生**とよぶこともあり，とくに成虫と形態がまったく異なる場合に用いられます。幼生に特別の名称が与えられているものもあります。

待機宿主：その体内で幼虫が脱皮や変態などの本質的な発育はしませんが，寄生虫の生活環において生態的あるいは栄養的ギャップを埋めている宿主をさします。たとえば感染幼虫が中間宿主から出たあと，終宿主に感染する機会を待つための宿主です（延長中間宿主ともいいますが，中間宿主を要しない寄生虫でもこのような宿主が関与することがあります）。

内部寄生虫と外部寄生虫：宿主の体の内部に寄生するものを内部寄生虫，体表に寄生するものを外部寄生虫といいます。回虫のように腸内に棲息するものは内部寄生虫です。ノミやシラミのような，特定の動物の体表を定住場所とし，吸血するものは外部寄生虫です。しかし同じ吸血をするものでも，カ（蚊）やアブ，チスイビルなどのように体表で生活するわけでなく，吸血のために一時的に体表に止まり，かつ複数の吸血対象があるものは一般に外部寄生虫に含めず，小型捕食者 micropredator とよびます（捕食者 predator は食べる対象動物を殺してしまいますが，小型捕食者はふつう吸血源を殺すことはありません）。また皮膚内部に侵入して外から見えないようなヒゼンダニを外部寄生虫に含めたりと，慣例的に区別されているものもあります。

宿主特異性：ある寄生虫が特定の宿主に限定してみられる，すなわち厳密な宿主寄生体関係が成立している場合が多く知られています。この特異性を決めているのはどのような要因なのでしょうか。その寄生虫の必要とする特別な栄養が宿主から得られること（栄養要求性），宿主の寄生部位の形態・生理が寄生虫の要求するものに合致していること，宿主の生態が寄生虫の感染や生活環の維持に好適であることなどがあげられます。宿主特異性はきわめて厳密なものから，かなり緩いものまであります。また一見厳密そうにみえても，実験的には固有宿主から遠縁の動物にも簡単に寄生できる場合があります。たとえばアメリカ鉤虫（アメリカコウチュウ）は自然界ではヒトと一部の霊長類などにしかみられませんが，実験的にはハムスターによくつきます。

3 寄生虫を含む動物群

生物を分類する体系では，種からはじまって，属，科，目，綱，門，界というように上位の階層を分けます。たとえば回虫は回虫属 *Ascaris*，回虫科 Ascarididae，回虫目 Ascaridida，双腺綱 Phasmidia，線形動物門 Nematoda，動物界 Animal Kingdom となります。

動物界は原生動物（＝単細胞動物）で 7 門，後生動物（＝多細胞動物）で 35 門ほどに分けることが一般的です（白山（2000）；佐藤ほか（2004））。この中で，すべてが寄生動物で占められている門は原生動物で 3 門，後生動物で 5 門のみです。それ以外に多くの寄生種を含む門は原生動物で 2 門，後生動物で 4 門，一部に寄生種を含む門は 10 門にのぼります。後生動物がどのように進化したのかを系統樹でみたものを**図 1-2** に示します（一部の門は入っていません）。これからわかることは，寄生虫が寄生虫だけの系統となっていないということです。すなわち今の寄生虫はさまざまな時代に，別個の門で自由生活から寄生生活に転じたのです。具体的に個々の寄生虫がいつ，どの宿主にとりついたかを知ることは困難です。寄生虫の多くは無脊椎動物であり，寄生性甲殻類など丈夫な外骨格をもつもの以外は軟弱な体をしているため化石として残りにくいのです。例外的に化石が検出されるものとして，樹液が化石となった琥珀内に閉じ込められていた節足動物の体内からみつかる寄生虫や，糞が化石となった糞石からみつかる寄生虫卵があります。たとえば，白亜紀にできた琥珀内の昆虫の体内からみつかったマラリア原虫やトリパノソーマ類などがあります。トリパノソーマ類はもともと植物に寄生していた原虫が，樹液を吸う節足動物に適応し，それがあとで出現した脊椎動物を吸血するようになって脊椎動物に寄生するようになったと考えられていますが，白亜紀にはすでに昆虫に寄生していたことが示されたわけです。また 2 億 7 千万年前のサメの糞石から条虫卵が検出されたという報告などもあります。

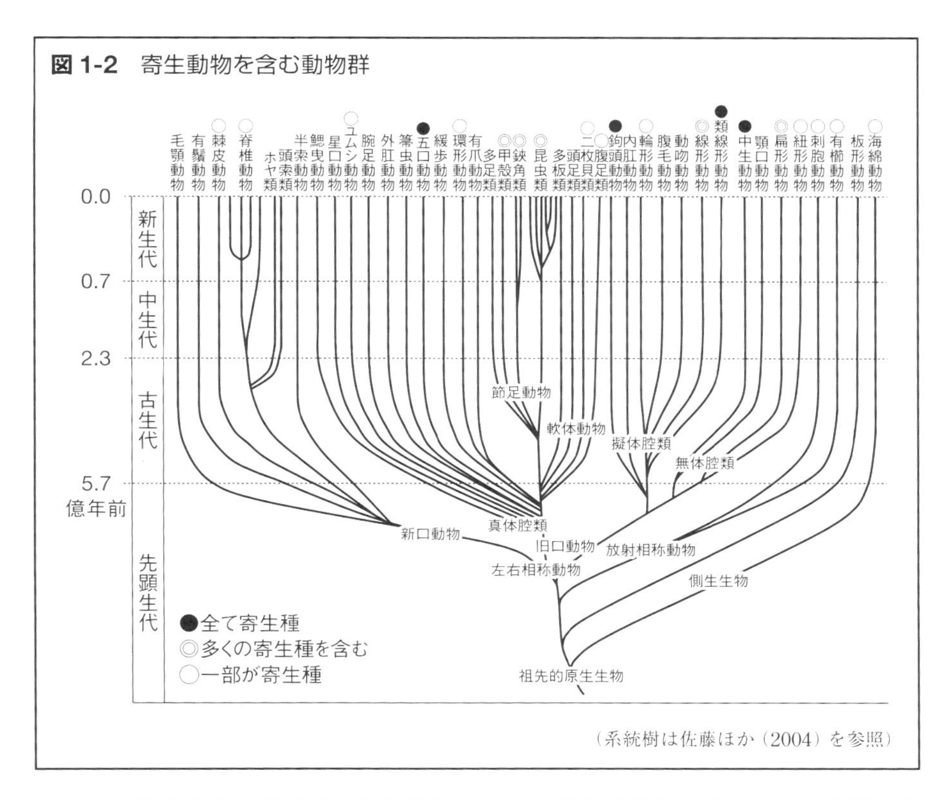

図 1-2 寄生動物を含む動物群

（系統樹は佐藤ほか（2004）を参照）

寄生虫を下等で劣った生物とみている場合は考えにくいことですが，脊椎動物にも寄生するものがいます。たとえば無顎類のヤツメウナギやヌタウナギは，ほかの魚類に吸いついて吸血したり，魚体内に侵入して内臓や肉を食べます（寄生よりは捕食であるとされることもあります）。硬骨魚類のカクレウオはナマコの腸をすみかにしており，生殖腺を食害します。ナマコは死ぬことはありませんが，生殖できなくなります。アンコウの一部の種では雄が雌の体に融合して，自身は摂食することなく，栄養は雌に依存する寄生生活をします（**図 1-3**）。ホトトギス科のカッコウ，ジュウイチなどは自身ではヒナを育てることができないため，ほかの鳥（里親）の巣に産卵します（託卵）。不思議なことにその卵は里親の産む卵に色彩がそっくりです。孵化したヒナは里親の卵やヒナを背に乗せて巣の外に放り出し，巣と餌を独占します。これは一種の寄生と考えることができます。おそるべきことに，里親が自分の卵でないことに気づいて卵を排除すると，カッ

図 1-3　寄生性脊椎動物

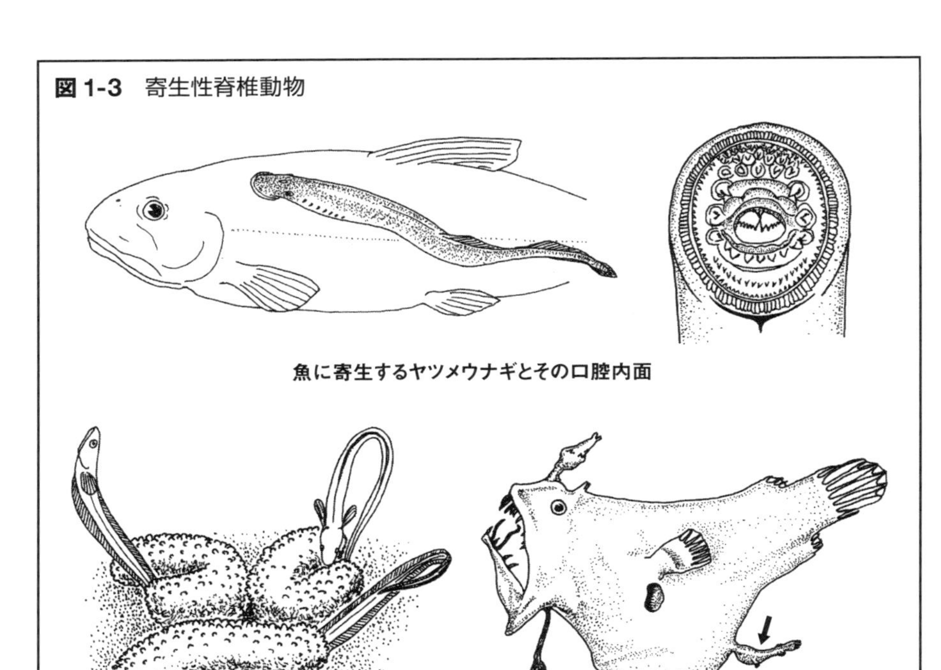

（日本動物図鑑（北隆館），Bush et al.（2001），Gilbert.（1991）を改写）

コウの親鳥はその巣を破壊するといわれます。哺乳類では吸血コウモリが寄生生活に適応しています。吸血コウモリは寄生生物よりは捕食者として扱われます。しかし吸血コウモリは通常毎晩同じ動物へ吸血に飛来することが知られており，単なる捕食よりも寄生に近い関係といえます。

4　代表的な寄生虫群

寄生虫を多く含む代表的な群についてここで概説しておきましょう。より詳しい解説は第３章にまとめています。生物の系統関係はかつて，もっぱら形態学的所見に基づいて推定されていました。しかし近年 DNA 塩基配列が容易に読めるようになると，それに基づいた系統解析が行われるようになりました。形態に基づく系統と分子的証拠に基づく系統は一致することもありますが，不一致のことも多く，必ずしも研究者のコンセンサスが得られない場合もあります。本書で用いている分類体系と各分類群に含まれる種数は白山ら（2000）におおよそ準拠していますが，細部では変更しているものもあります。

図 1-4　代表的な原虫類

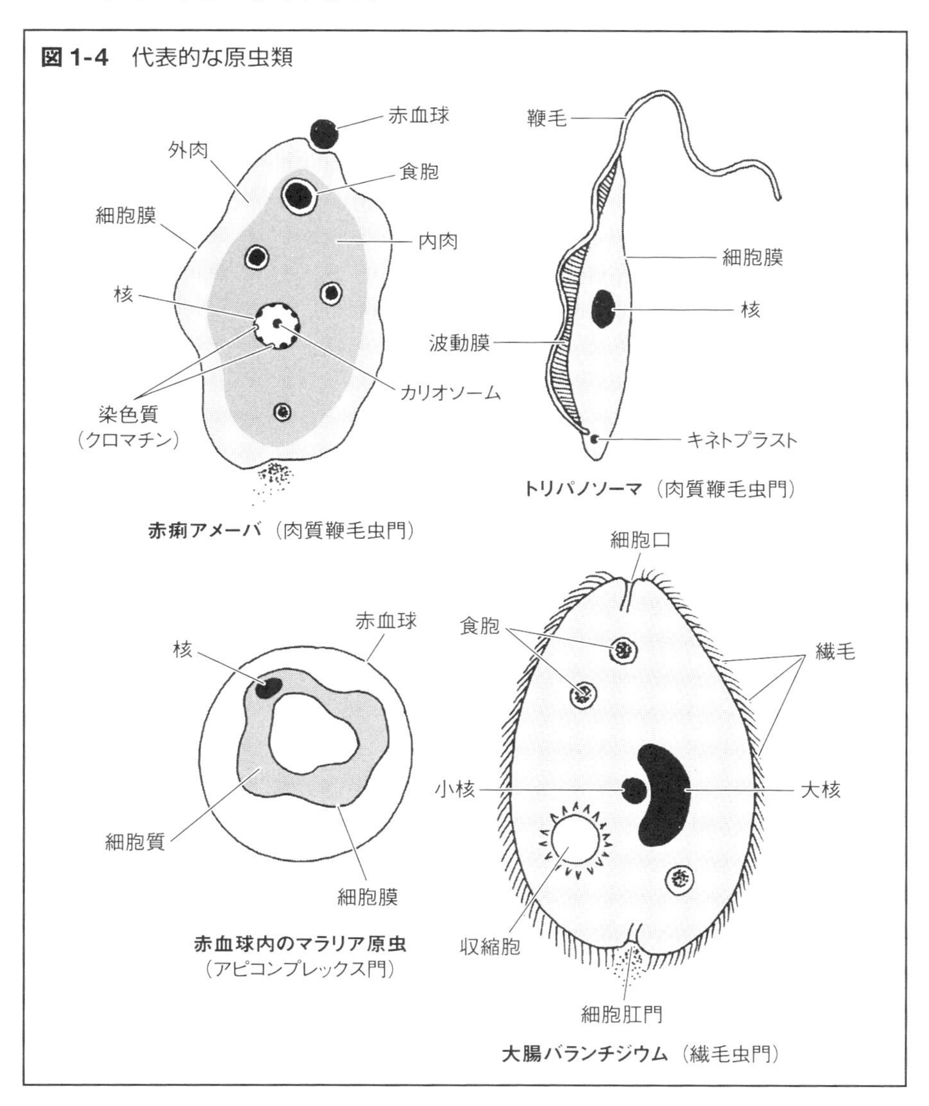

(1) 原虫類：原虫とは原生動物のうち寄生性のものをよぶときに使われる便宜的な名称です。原生動物といえば自由生活をするアメーバ，ミドリムシ，ゾウリムシが想起されますが，その仲間には寄生生活に適応したものが多数あり，約1万種が知られています（**図 1-4**）。ヒトに寄生するものや，家畜や食用魚類に寄生するものは人間の生活に重大な影響を与えます。原虫は単細胞で，大きさは通常1～150 μmです。細胞の構造は基本的に後生動物のものと変わりません。単細胞というと，単純な構造と思われがちですが，1つの細胞で1個体として生活するためには多細胞動物個体が器官へ分散している機能を細胞内に備えていなければなりません。原虫は単細胞で寄生生活するために，さまざまな構造分化をしています。運動のために仮足（偽足），鞭毛，繊毛，波動膜などをもつ場合もあり，また運動メカニズムのよくわかっていないものもあります。

(2) 単生類：単生類は次の吸虫類，条虫類とともに扁形動物門に属します。扁形動物にはこれら寄生性のもの以外に，切っても再生することで有名な自由生活性のプラナリア（ウズムシ）があります。単生類はかつて吸虫類に含まれていましたが，現在は独立の綱として扱われます。5000種ほどが知られています。ほとんどが小型で，体長は0.3～20 mmです。体の前部に吸着器官，後部に鉤や吸盤などを備えた固着盤があり，それらを用いて宿主にとりつきます（**図 1-5**）。ほとんどが淡水魚および海水魚の体表や鰓に寄生し，それぞれハダムシ，エラムシなどと総称されますが，一部は両生類の膀胱に寄生し，例外的に1種はカバの眼に寄生します。宿主特異性，寄生部位特異性が著しく強く，雌雄同体で，生活環に中間宿主を要しません。

(3) 吸虫類：楯吸虫類と二生類に分けられます。楯吸虫類は軟体動物の腹足類と弁鰓類，大型の甲殻類，脊椎動物では魚類とカメ類に寄生します（**図 1-6**）。腹面に吸盤や固着器を列生するものが多く，軟体動物に寄生するものは中間宿主を要しませんが，魚類やカメに寄生する種は軟体動物の中間宿主を要します。二生類は吸盤が2つ（口吸盤と腹吸盤）ある種が多く，それが2つ（di）の口（stoma）と思われたことから，かつてジストマともよばれました（**図 1-7**）。4000種以上が知られています。魚類から哺乳類までさまざまな宿主の消化器官，呼吸器官などに内部寄生し，ヒトや家畜の寄生虫としても重要な種を多く含みます。体は微細なものから長

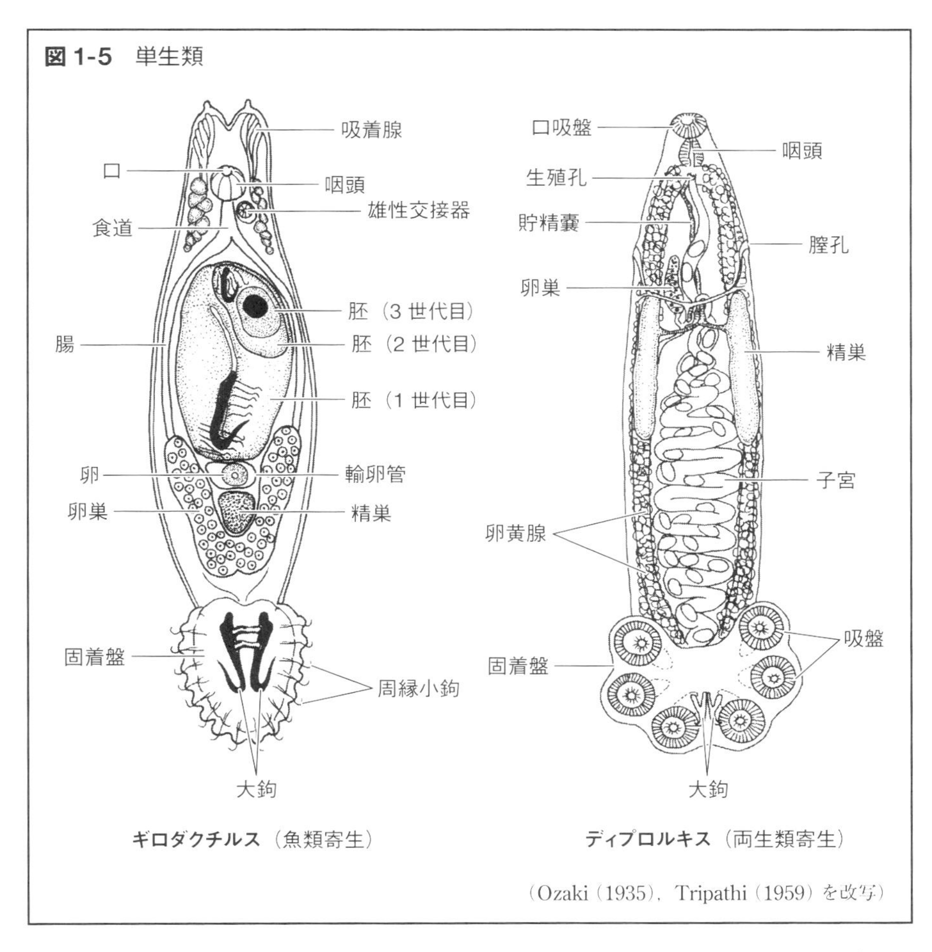

さ 10 m を超えるものまで知られています。体表が棘や結節などで覆われているものも少なくありません。口吸盤の中に口が開き，消化管はふつう前咽頭，咽頭を経て体の左右を後に伸びる腸につながります。腸は盲端に終わり，肛門がないのがほとんどです。吸虫類の食物は血液や組織，腸内容物など生息臓器によってさまざまです。ときに体外で予備消化を行う種も知られています。雌雄同体の場合が一般ですが，一部は雌雄異体です。生活環は複雑で，中間宿主を必要とします。

(4)　条虫類：条虫の「条」は細長いことを意味します。俗に「さなだ虫」ともよびますが，これは真田紐という織物に外見が似ているためにつけら

図 1-6　楯吸虫類

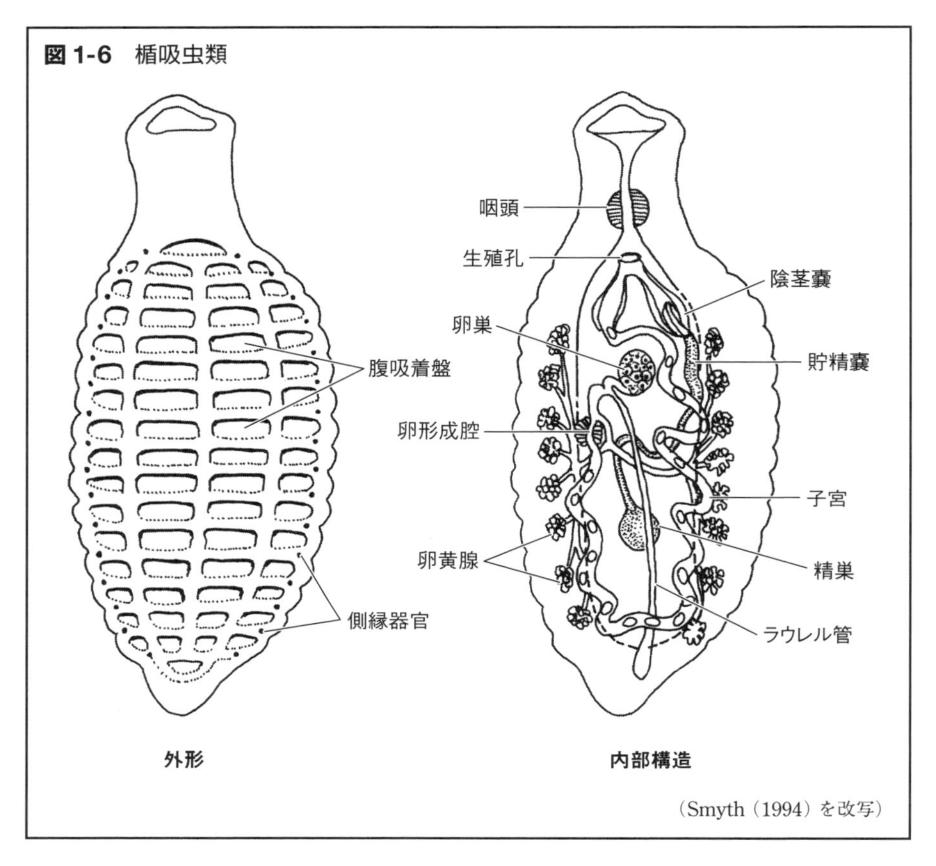

（Smyth（1994）を改写）

れた呼称で，この紐が考案された戦国時代以降のよび方です。成虫はほとんどが脊椎動物の腸管内に寄生します。約5000種が知られています。消化管はなく，栄養は体表から吸収します。雌雄同体で，生活環には多くの場合，中間宿主を必要とします。一般に多くの節（片節）が連なって片節連体（ストロビラ）を形成し，長大なものは10 m以上にもなりますが，種類によっては片節数が数個に達しない長さ1～2 mmのものや，まったく片節に分かれないものもあります（**図 1-8**）。

(5)　線虫類：線虫と総称される動物で，線形動物門を構成します。もっとも繁栄している無脊椎動物のひとつで，地球上に100万種ないし1億種いるといわれていますが，これまで記載されているのは約2万種です。そのうち約1万3000種は自由生活性で土壌中や水底に生息しています。残

図 1-7　二生類

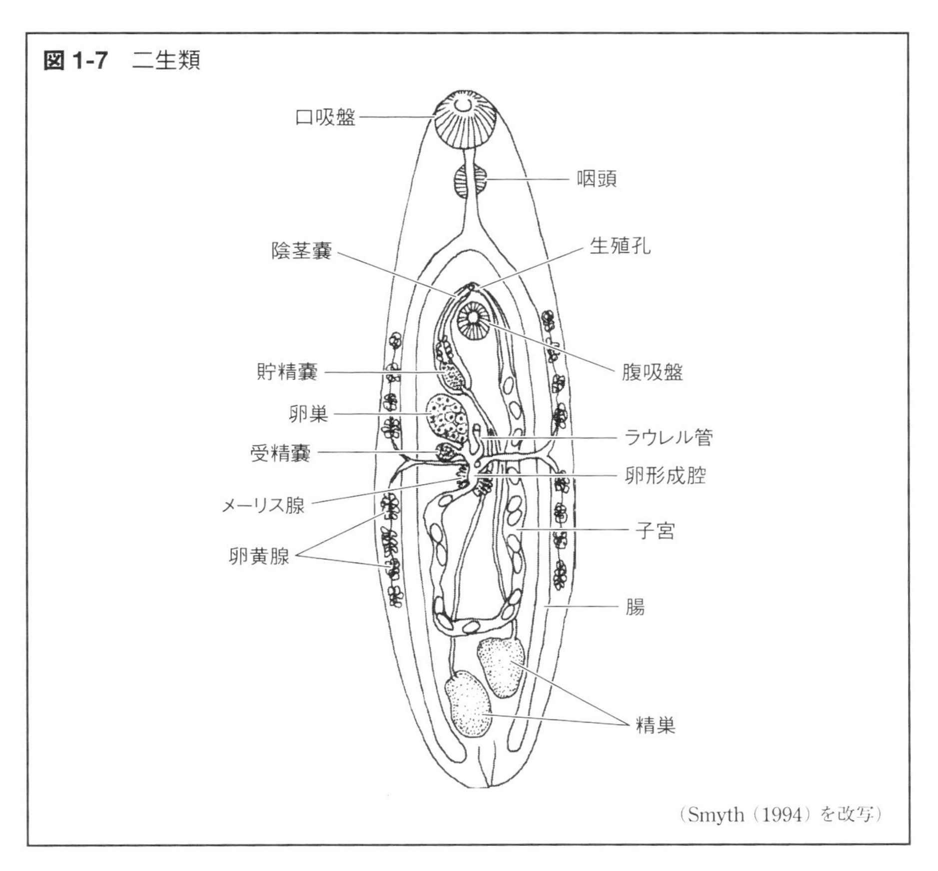

（Smyth（1994）を改写）

りのうち約 2000 種が植物寄生性で，動物寄生性のものは約 5000 種です。重要な人体や家畜の寄生虫を含み，またダイズシストセンチュウ *Heterodera glycines* やマツノザイセンチュウ *Bursaphelenchus xylophilus* のように農林業に大きな影響を与えるものがあります。最近はセンチュウというと，生命科学でモデル動物となっている，シー・エレガンス *Caenorhabditis elegans* が想起される場合が多いのですが，これは土壌中で自由生活する線虫で，寄生性はありません。体長は 1 mm に満たないものから 1 m を超えるものまであります（**図 1-9**）。体表は硬いクチクラの角皮で覆われますが，蛇行運動を可能とするため横条があります。消化管をもち，一般に雌雄異体ですが，初め精子をつくり，あとで卵子を産生する雄性先熟雌雄同体の種などもあります。生活環には単純なものから中間宿主，待機宿主を

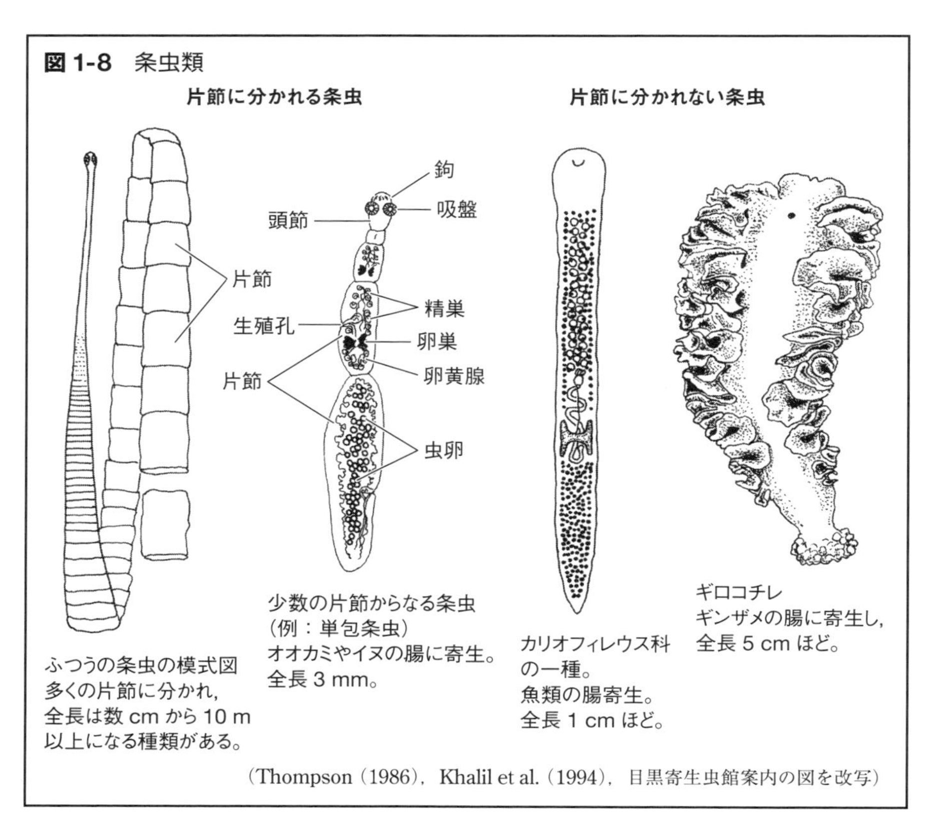

図 1-8 条虫類

（Thompson（1986），Khalil et al.（1994），目黒寄生虫館案内の図を改写）

必要とするもの，自由生活世代と寄生生活世代があるものなどさまざまです。ほとんどすべての線虫の発育期は 4 回の脱皮によって区切られており，孵化した幼虫は第 1 期，それが脱皮すると第 2 期，というようになり，成虫は第 5 期に相当します。感染幼虫はふつう第 3 期ですが，第 1 期や第 2 期の場合もあります。

(6) 鉤頭虫類：鉤頭動物門を構成し，成虫はすべて脊椎動物の腸管に寄生します。体は前端の引き込み可能な吻と胴部からなり，吻に生えた鉤によって腸管壁にとりついています。吻鉤の配列や数は種の特徴を表しています。消化管はなく，栄養は体表から吸収します。雌雄異体で，体長は数 mm 程度から 50 cm を超えるものまであります（**図 1-10**）。節足動物（おもに昆虫類と甲殻類）の中間宿主を必要とします。

(7) 節足動物類：体表がキチン質の外骨格で覆われ，体節があり，多く

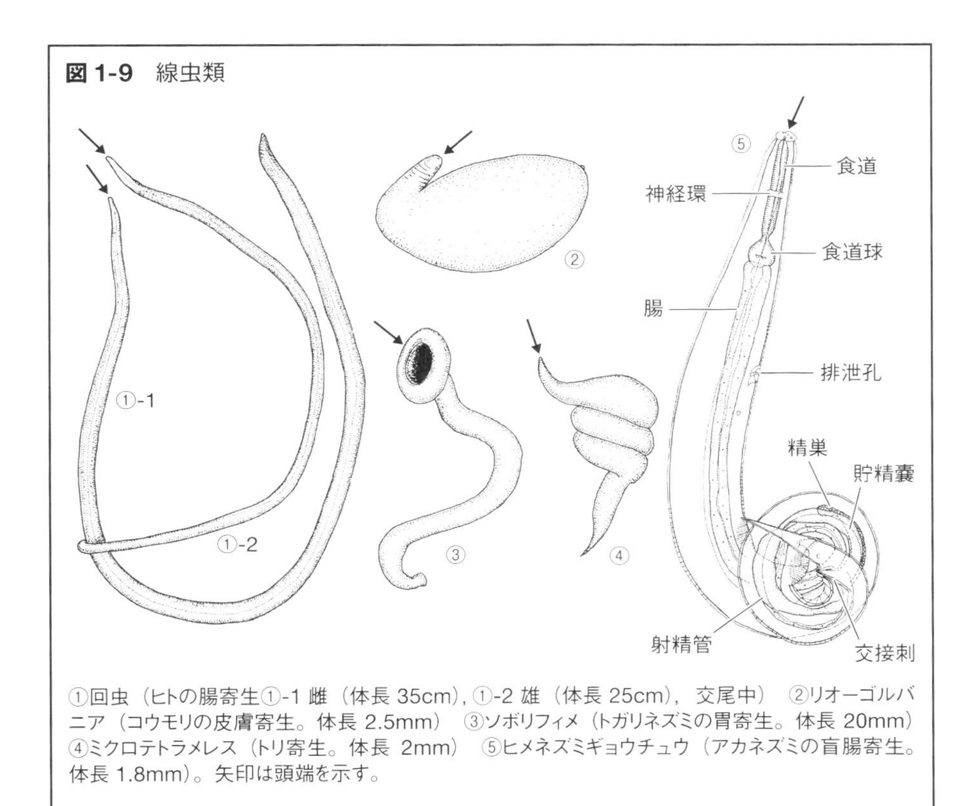

図 1-9　線虫類

①回虫（ヒトの腸寄生①-1 雌（体長 35cm），①-2 雄（体長 25cm），交尾中）　②リオーゴルバニア（コウモリの皮膚寄生。体長 2.5mm）　③ソボリフィメ（トガリネズミの胃寄生。体長 20mm）　④ミクロテトラメレス（トリ寄生。体長 2mm）　⑤ヒメネズミギョウチュウ（アカネズミの盲腸寄生。体長 1.8mm）。矢印は頭端を示す。

は附属肢をもっています。甲殻綱，クモ形綱，昆虫綱に多くの寄生性の種があります（**図 1-11**）。

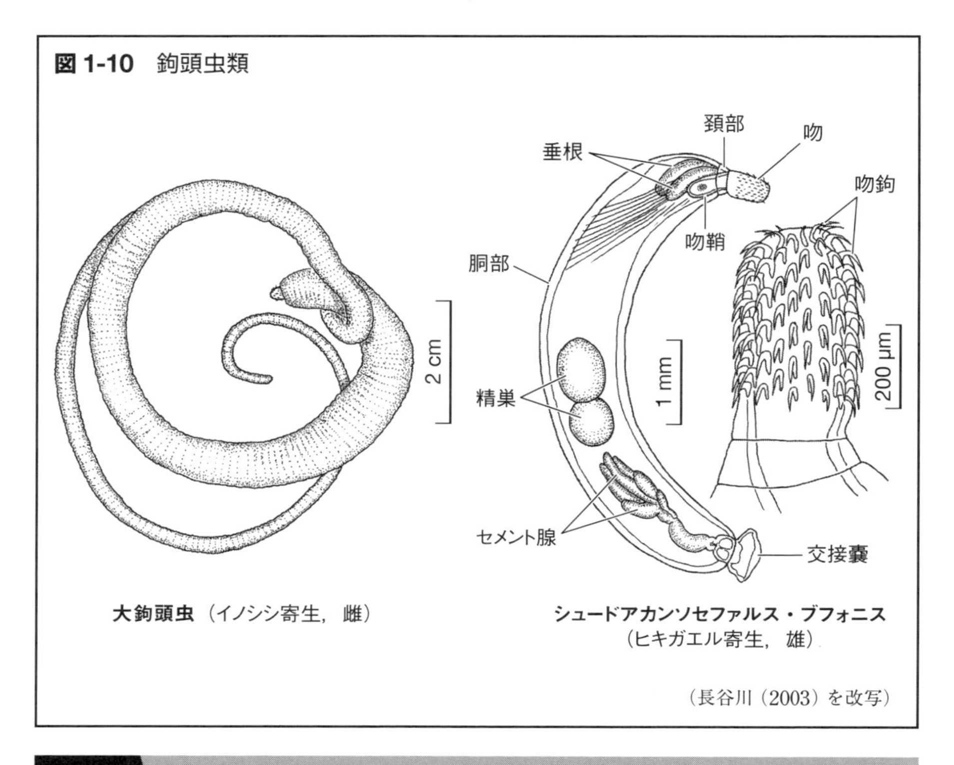

図 1-10 鉤頭虫類

（長谷川（2003）を改写）

5 寄生適応

ウェブスター国際辞典の定義では「ある程度の構造的適応を示す」とありますが，寄生虫は寄生生活に有利な体の特徴を発達させているのがふつうで，これを寄生適応といいます。寄生適応には構造的適応だけでなく，生理的適応もあります。

(1) 構造的適応では，特定の器官の消失や発達があります。たとえばノミやシラミは昆虫ですが，多くの昆虫にはある翅が退化消失しています（**図 1-11**）。内部寄生虫の成虫では一般に運動器官は発達していません，また内部寄生虫は光の差し込まない環境にいるので，眼は役に立たず，そのためふつう眼がありません。一方，とりつくための器官が発達します。シラミはふり落とされないように，しっかり毛をつかむ爪を脚の先端にもっています（**図 1-11**）。内部寄生虫も寄生部位に固着するために，吸盤や鉤を

図 1-11　寄生性節足動物

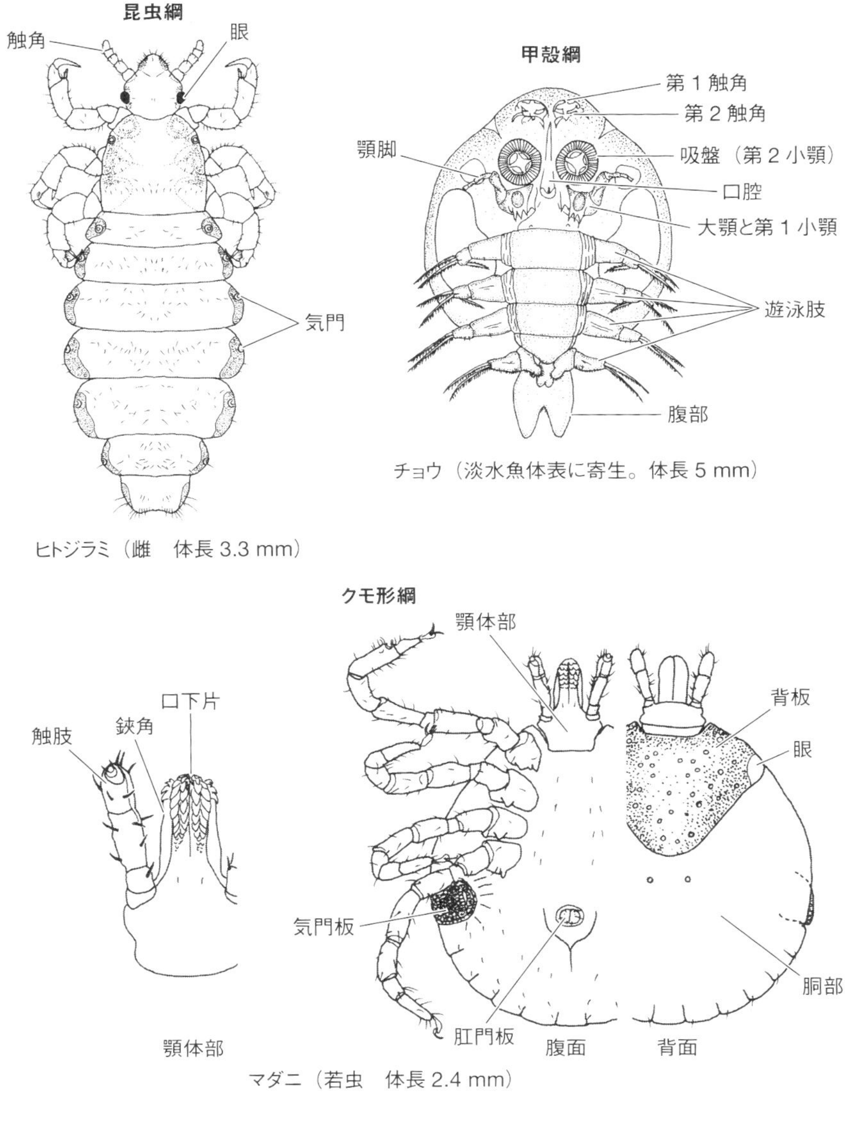

昆虫綱

触角
眼
気門

ヒトジラミ（雌　体長 3.3 mm）

甲殻綱

第 1 触角
第 2 触角
顎脚
吸盤（第 2 小顎）
口腔
大顎と第 1 小顎
遊泳肢
腹部

チョウ（淡水魚体表に寄生。体長 5 mm）

クモ形綱

口下片
触肢
鋏角
顎体部

顎体部
背板
眼
気門板
胴部
肛門板
腹面
背面

マダニ（若虫　体長 2.4 mm）

（チョウは小川（2005）所収の Yamaguti（1963），マダニは長谷川（1986）を改写）

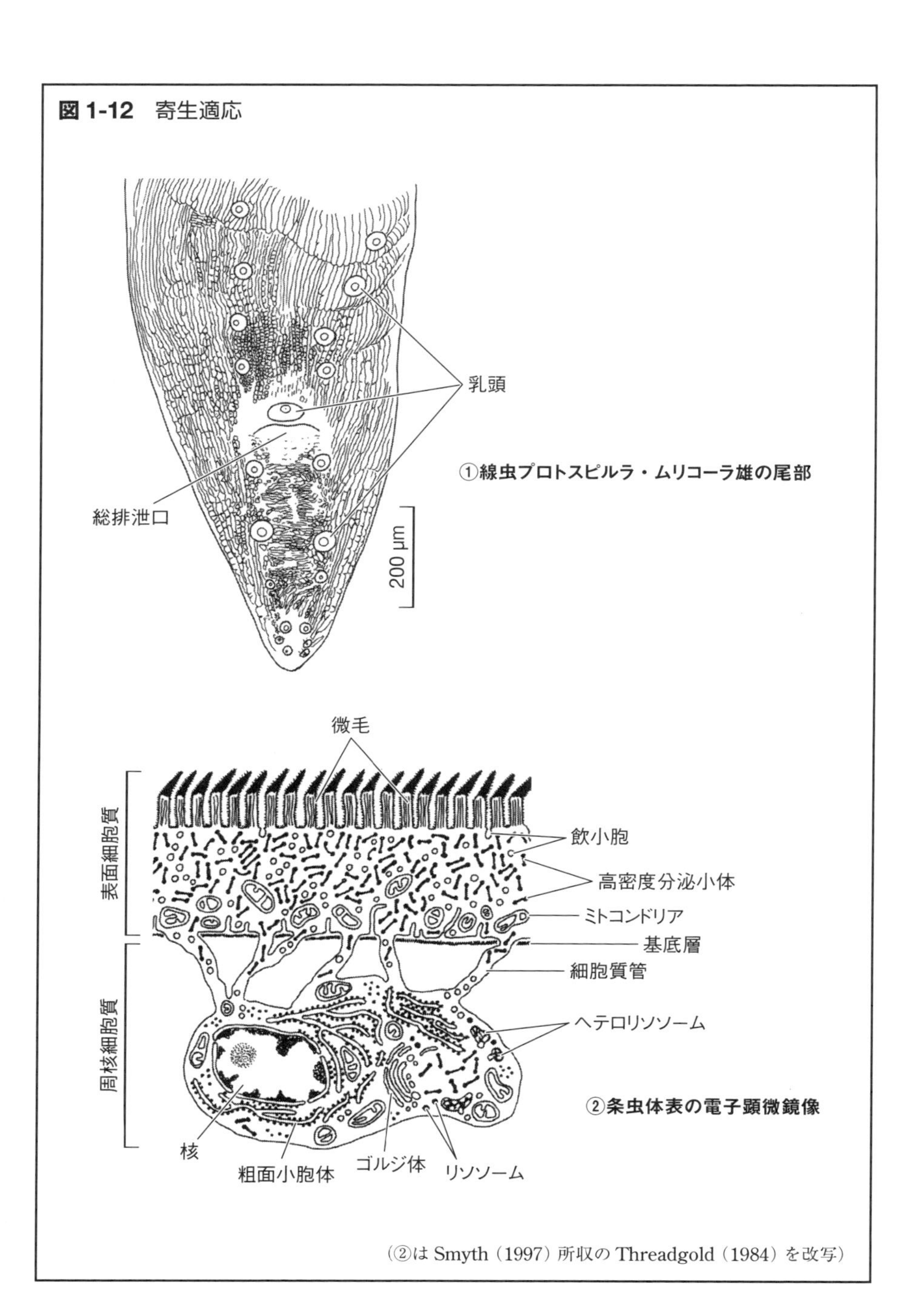
図 1-12　寄生適応
乳頭
①線虫プロトスピルラ・ムリコーラ雄の尾部
総排泄口
200 μm
微毛
表面細胞質
飲小胞
高密度分泌小体
ミトコンドリア
基底層
細胞質管
周核細胞質
ヘテロリソソーム
②条虫体表の電子顕微鏡像
核
粗面小胞体
ゴルジ体
リソソーム
（②は Smyth（1997）所収の Threadgold（1984）を改写）

図 1-13　酸素を用いる通常の呼吸の概観

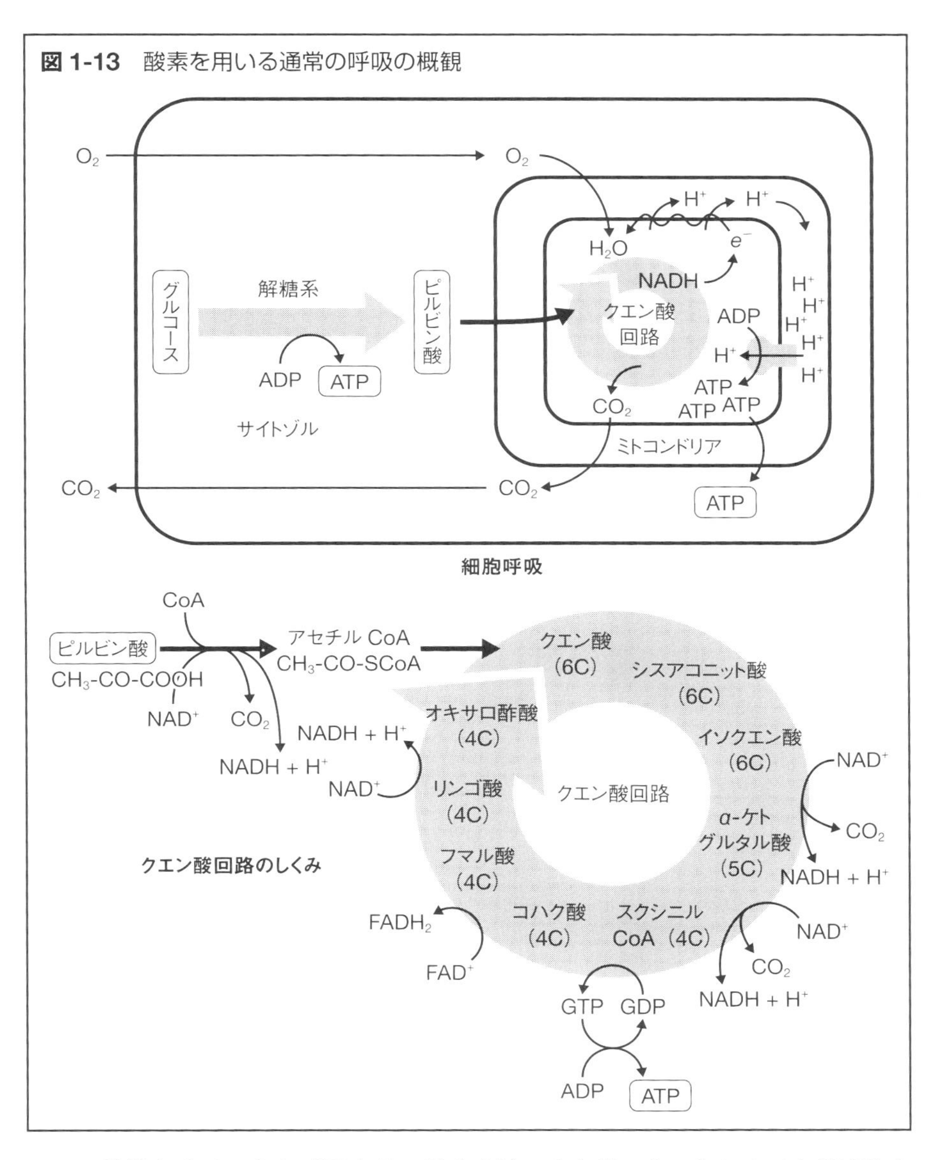

発達させています（**図 1-5 ～図 1-10**）。また光のないところで内部寄生虫が栄養物を探し，配偶相手を選び，交尾するためには特殊な感覚器官が必要です。そのため，寄生虫には感覚乳頭などが発達しています（**図 1-12 ①**）。これらの構造は種ごとに特徴があるので，分類に用いられます。また体の

図 1-14 嫌気的環境における回虫の呼吸経路

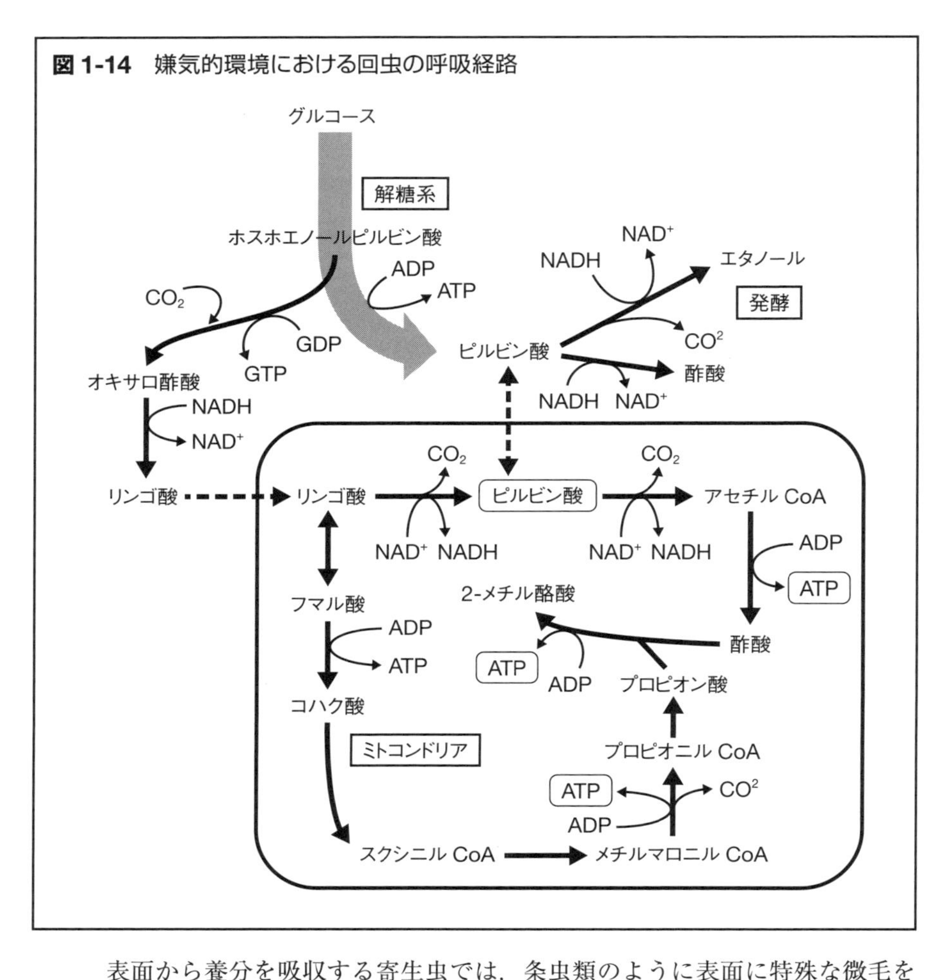

表面から養分を吸収する寄生虫では，条虫類のように表面に特殊な微毛を密生させて吸収面積を広げるなどの構造適応がみられます（**図 1-12** ②)。

(2) 生理的適応にもさまざまなものがあります。たとえば自由生活をする動物の多くは酸素が十分利用できる環境にいるので，呼吸によって酸素を取り込み，有機物を酸化して多くの生きるエネルギーを得ています。エネルギーは有機物分子中の化学結合として存在しますが，それを最終的にATP（アデノシン三リン酸）の形で取り出し，これがADP（アデノシン二リン酸）とリン酸に分解するときに発生するエネルギーをさまざまな生体活動に用います。呼吸はATPをつくり出す過程なのです。その仕組み

図 1-15　ミトコンドリアをもたない赤痢アメーバの呼吸経路

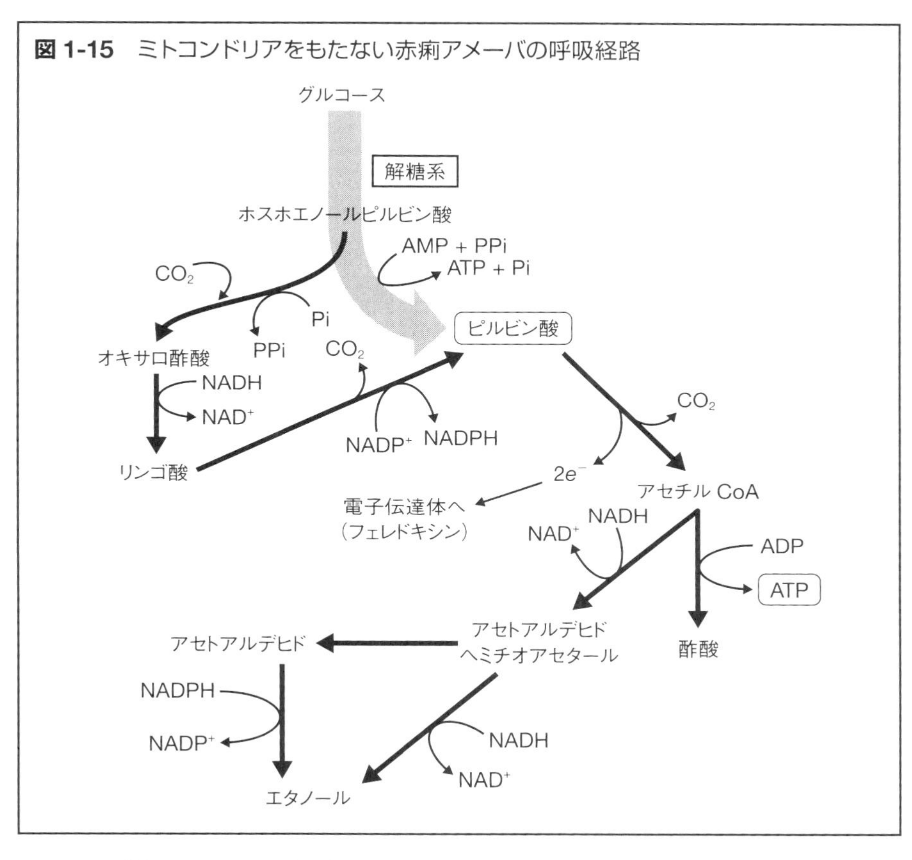

を考えてみましょう（**図 1-13**）。たとえばグルコース $C_6H_{12}O_6$ はもっとも ふつうのエネルギー源です。グルコースは細胞質基質内の解糖系で代謝され，2 分子のピルビン酸 $CH_3COCOOH$ になりますが，このとき 2 分子の ATP が産生されます。ここまでの段階では二酸化炭素も発生せず，酸素も不要です。しかし ATP 2 分子だけではエネルギーはわずかで，解糖のみで生存できるのは細菌くらいです。真核生物ではさらにピルビン酸を代謝してミトコンドリアのクエン酸回路に入れ，ここで生じる電子と水素イオンを用いて ATP を 28 分子程度産生します。この過程でグルコースに含まれていた炭素に相当する分が二酸化炭素として有機分子から切り離されて排出され，外部から取り入れた酸素はミトコンドリアで水素イオンと電子を結合して水になります。

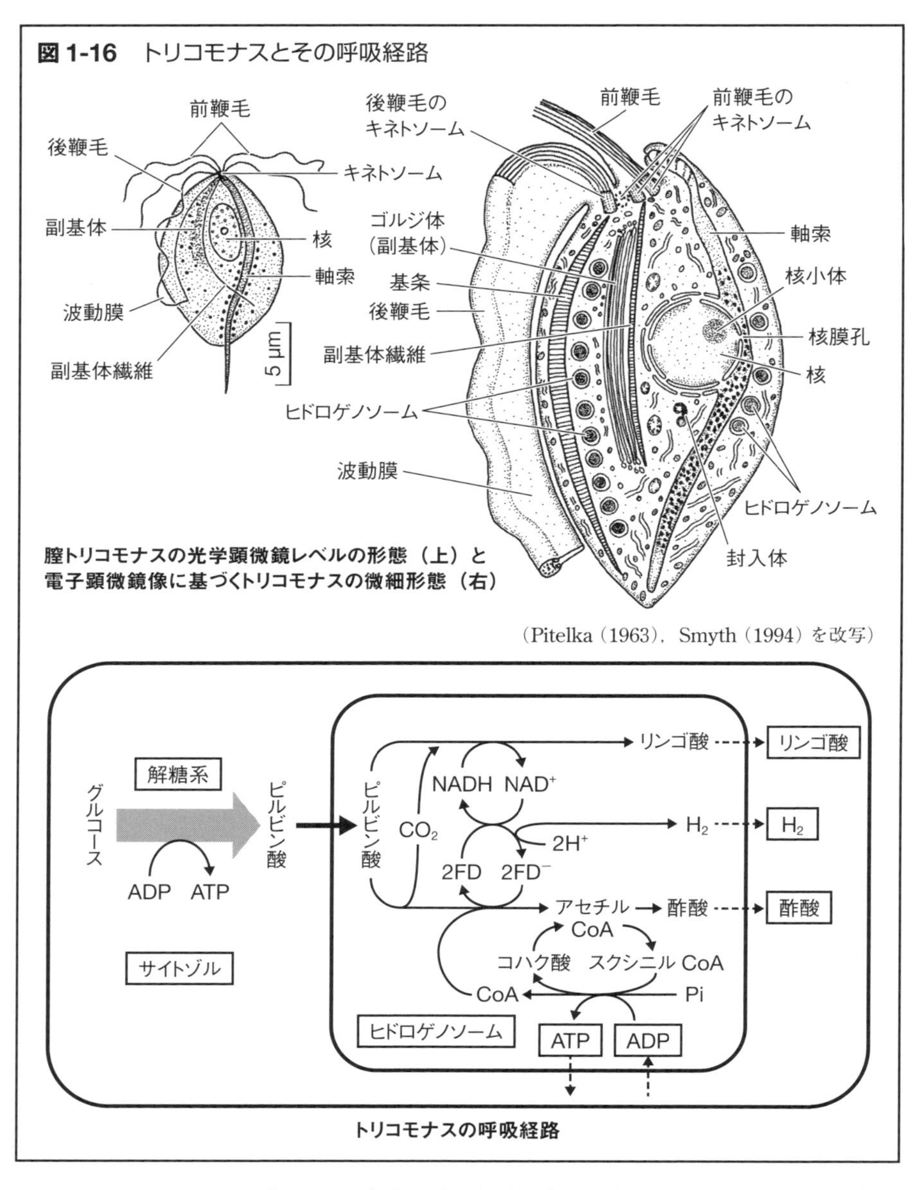

図 1-16 トリコモナスとその呼吸経路

このようにエネルギー産生の主要な場所は細胞の中にある細胞小器官のミトコンドリアです。しかし腸内など宿主体内部の酸素濃度は低く，そこに生息する寄生虫は酸素を用いた呼吸ができません。しかも通常の解糖だけではエネルギーは足りません。そのため寄生虫はなんとかエネルギーを得るため自由生活性動物がもっている代謝経路を変更したり，代替細胞小器官を発達させたりしています。たとえば回虫の成虫は腸内に生息しますが，ピルビン酸をミトコンドリアで酢酸やプロピオン酸，メチル酪酸に代謝し，ATPをより多く得るように代謝系を変えています（**図1-14**）。赤痢アメーバ（セキリアメーバ）も腸内に寄生しますが，ミトコンドリアを失っており，ピルビン酸は酢酸やエタノールに代謝され，それによって解糖を効率的に行えるようにして生体エネルギーを確保しています（**図1-15**）。一方，トリコモナスではミトコンドリアの代替細胞小器官であるヒドロゲノソームがあり，ピルビン酸はリンゴ酸や酢酸に代謝され，ATPが産生されますが，同時に水素を発生します（**図1-16**）。

6 自然界における寄生の意義

自然界では寄生虫が，複雑な生態系の形成や維持に関与しています。たとえばイヌとネコとヒトがいる状況を考えてみましょう。今，マンションの部屋でヒトがイヌとネコを飼っている場合，基本的にこれら3種しか生きている動物がいない状態です（実際は畳の中や食品の中にコナダニやチャタテムシなどの動物がいるはずですが，ここでは単純化するために省きます）。しかし今から半世紀以上前なら，ヒトにもイヌやネコにもさまざまな寄生虫がいるのがふつうでした。ヒトには回虫，鉤虫，鞭虫（ベンチュウ），イヌにはイヌ回虫，イヌ鉤虫，イヌ鞭虫，おなじくネコにはネコ回虫，ネコ鉤虫といった具合で，これだけでも宿主を加えれば11種の動物が同所的にいることになります。さらにイヌやネコには中間宿主を必要とする瓜実条虫（ウリザネジョウチュウ）やマンソン裂頭条虫（マンソンレットウジョウチュウ）が寄生していて，前者はノミ類，後者はケンミジンコ類とカエルやヘビなどが生活環に必要です。これらの宿主が生存するためには，それらの餌となる生き物の存在が不可欠ですから，多様な寄生虫のいる状態は豊富な生態系が背景にあることを意味します。

また寄生虫はほかの感染症を起こす病原体と同様に，宿主の個体数を調節することによって生態系の維持に関与していると考えられます。とくに寄生虫の病原性が強い場合は，寄生虫が増えれば宿主が死んで宿主数が少なくなり，そうなると寄生虫が宿主と遭遇する機会が減るので，寄生虫の数が減り，寄生されることの少なくなった宿主が増える，といった繰り返しとなります。これは捕食者と被食者の関係に似ています。その実例を自然界で証明することはなかなか困難ですが，イギリスのライチョウの1平方キロあたりの生息数と寄生する毛様線虫（モウヨウセンチュウ）*Trichostrongylus tenuis*の個体数を10年余にわたって調べた結果は，寄生虫が個体数を調節する要因になっていることを示しています（この寄生虫はライチョウの腸に最高で3万個体も寄生し，養分の吸収を妨げます）（**図1-17**）。また1990年代から野生のキツネやタヌキにヒゼンダニ（カイセンチュウ）が流行し，知床などではキタキツネの数が激減しました。接触によって感染して皮膚内に寄生するこのダニは，皮膚の肥厚，皺壁や痂皮の形成をきたし，著しい痛痒のため，餌をとることができず，睡眠も障害されて死に至ります。また脱毛によって耐寒性が失われ，冬期に凍死しやすくなります。しかし宿主数が減れば感染の機会が減り，また抵抗性のある個体が選択されて増えるため，最近ではキツネの個体数は回復傾向にあるようです。

寄生虫は宿主の進化を駆動する要因ともなっています。寄生を受けた宿主は寄生虫に対抗するために，さまざまな形態的・生理的変化をとるよう

図1-17　スコットランドライチョウの個体数に与える毛様線虫の寄生

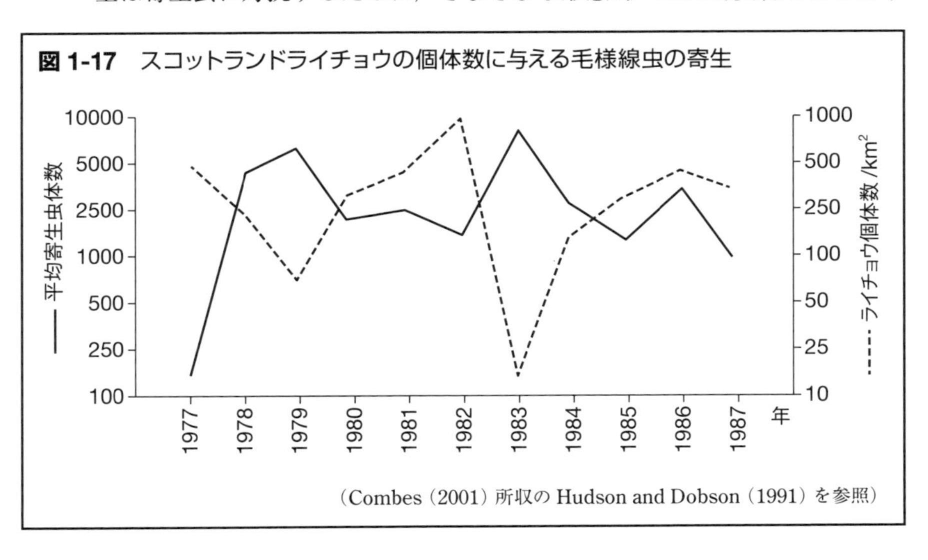

（Combes（2001）所収のHudson and Dobson（1991）を参照）

に進化すると考えられます。しかし一般的に進化には長い時間がかかるので，寄生虫が宿主の進化をもたらしたことを現在進行形で確認することはふつう困難です。ところが最近ハワイのオアフ島とカウアイ島でコオロギに幼虫が寄生するハエ *Ormia ochracea* が外から島に侵入してきたために，コオロギが鳴かなくなってきたことが注目されています。これは，このハエが鳴き声をたよりに宿主のコオロギをみつけて幼虫を産みつけるために，それに対抗する方向に進化が起こり，雄の翅にある発音器官が変異して鳴かなく（鳴けなく）なったと考えられています。発音器官の変異はもちろん遺伝子が変異したことで生じます。遺伝子が変異した，つまり鳴かない雄はハエの寄生を受けにくい一方，鳴く雄は寄生を受けやすいために死んで子孫を残しにくいので，変異した遺伝子が集団内にしだいに広がっていくのです。雌コオロギは雄の鳴き声に惹かれて来ますから，鳴かないコオロギは生殖に不利なはずですが，泣かない雄は鳴いている雄コオロギの近くにいて，やってきた雌と交尾するようです。興味深いことに同じ鳴かないコオロギなのに，オアフ島とカウアイ島では別の遺伝子が変異していることがわかりました。つまり収斂進化が起きたことになります。

最近では寄生虫と宿主の間で遺伝子が移動する（水平伝播）が生じたことを示唆する証拠もあがっています。外来の遺伝子はときに劇的な効果を宿主にもたらすことがあり得ます。

ユニークな説として，性の起源に寄生が関与したというものがあります。これは寄生虫よりもむしろウイルスや細菌などについてあてはまるのですが，これらの寄生体は進化速度（遺伝子の変異速度）が速く，宿主が獲得した防御機構を突破しようとします。宿主は寄生体ほど速く遺伝子変異をすることができないので，性を生じ，有性生殖によって遺伝子をランダムに組換え，多様性を生み出して対抗することになった，というものです。この説は「赤の女王説」とよばれますが，ルイス・キャロルの童話「鏡の国のアリス」に出てくるチェスの駒の赤の女王の「ここではとどまっているためには精一杯駆けていなくてはならない」という発言に由来しています。

7 寄生と性

「赤の女王説」の当否はともかく，寄生と性はさまざまな局面でかかわっており，性の本質とは何かを理解する上で興味ある現象がみられます。

動物の中には雄が雌に寄生するものがあります。ボネリムシは海産のユムシの仲間ですが，雌はクルミ状の体を砂に埋めて，水中に長い吻を伸ばしています。ボネリムシの雄はその吻に癒着した粒状のもので，自活できず，栄養を雌に依存する寄生生活をし，精子をつくる精巣として機能しま

図 1-18 ボネリムシ

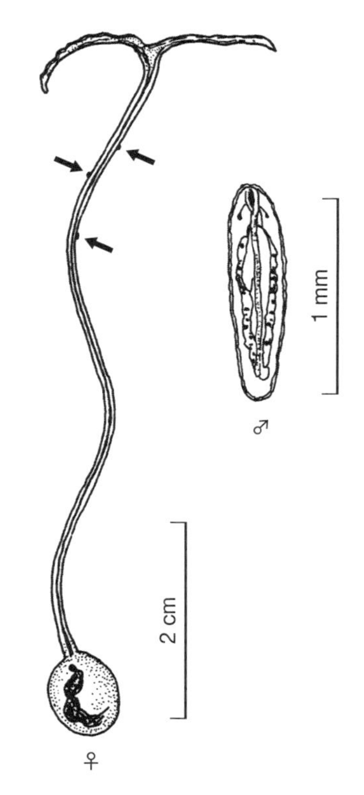

矢印は雌の吻に付着している雄を示す。

（Gilbert（1991）を改写）

す（**図 1-18**）。ボネリムシの卵から孵化した幼虫は砂地に落ちれば雌に，吻に付着すれば雄になりますが，これは吻から分泌される物質が雄化を誘導する（雌化を阻止する）ためと考えられています。ある種のアンコウも雄は小形で雌の体表に癒着し，自身では餌をとることができず，精巣として機能するだけになっています（**図 1-3**）。これらの例では雌は自由生活をしていますが，寄生生活をする雌の体内に雄が寄生しているものもあります。ネズミの膀胱に寄生するトリコソモイデス・クラッシカウダという線虫は，雌の子宮内に雄が生活していることで有名です（**図 1-19**）。

寄生去勢は寄生虫が宿主の性を転換することです（去勢とは元来雄の生

図 1-19　トリコソモイデス・クラッシカウダ

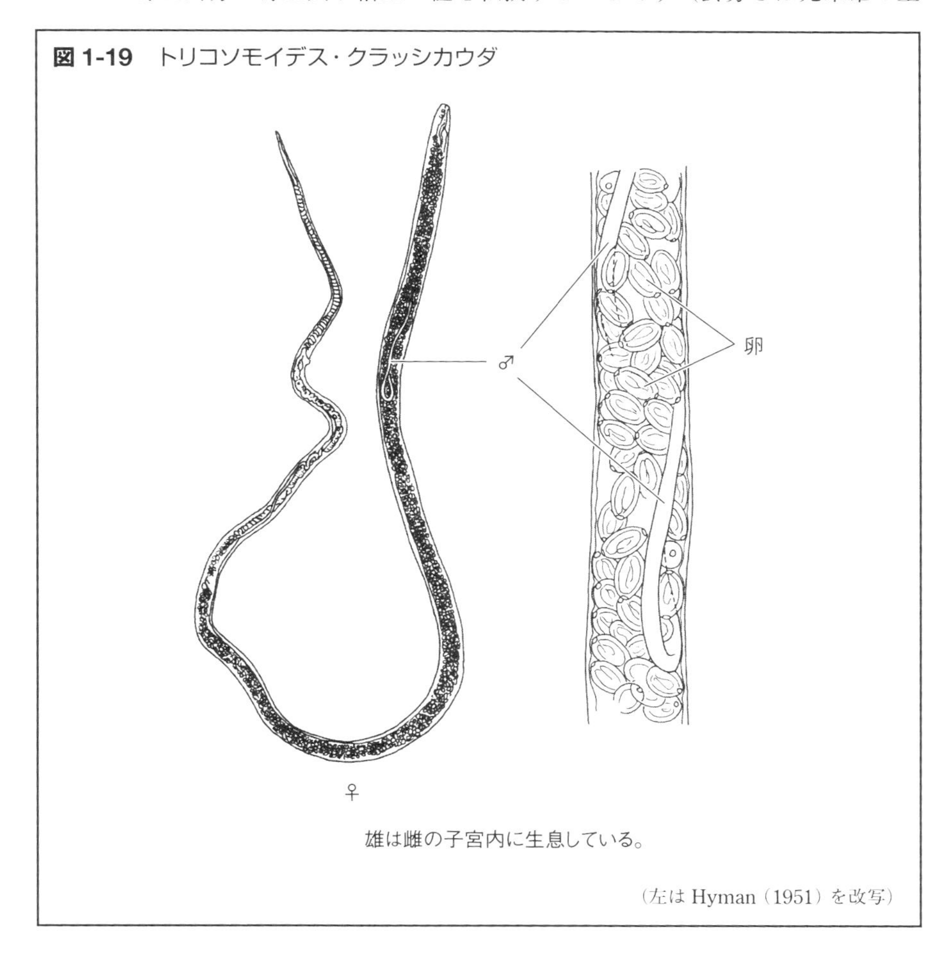

雄は雌の子宮内に生息している。

（左は Hyman（1951）を改写）

図 1-20　モクズガニに寄生したフクロムシ

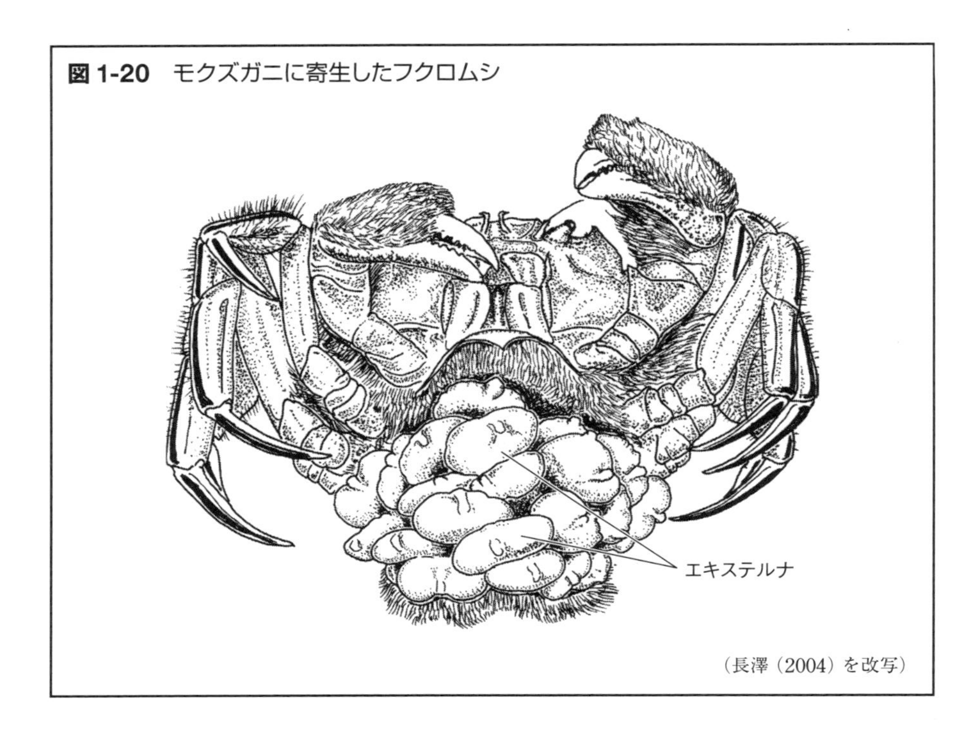

（長澤（2004）を改写）

殖腺を摘出することを意味します)。そのもっとも有名なものがフクロムシによる雄カニの雌化です。フクロムシもカニと同じく甲殻類ですが，カニに寄生し，その腹部に袋状の虫体（エキステルナ）を形成するため，この名があります（**図 1-20**）。宿主が雄カニの場合，生殖腺が雌化し，外形も雌化していきます。雌カニに寄生した場合は，カニは雌のままです。これはカニの性分化様式と関連しています。カニを含む甲殻類は，雄性腺（造雄腺）という内分泌腺があり，そこから分泌されるペプチドホルモンによって，体型や生殖腺，行動様式が雄型化します。カニでは雄の輸精管に付着するように雄性腺があります。フクロムシはカニに寄生すると，カニ体内に細く分岐した体（インテルナ）を伸ばし，栄養を吸収しますが，そのとき雄性腺が破壊されます。すると脱皮ごとに体は雌化し，尾部も広がってエキステルナを抱きやすくなります。

8 行動を操る寄生虫

「操られる」というのは，意識せずに他者の意図するように行動することです。もちろん寄生虫に「操ろう」などという意識があるとは思われませんが，進化の過程で宿主寄生体関係ができあがる中で，宿主に一定の行動をとらせることが寄生虫の繁殖戦略と合致し，その様式が固定されたものといえます。先のフクロムシの例では，雄に寄生した場合でも雌化したカニは腹部にできたエキステルナの世話をし，しかもエキステルナが幼生を放出する際には，あたかもカニ自身の幼生を放出するときのような姿勢をとり，腹部を震わせることが知られています。

ワラジムシは本来陰湿な日陰を好みますが，鉤頭虫プラギオリンクスの幼虫に寄生されると日なたに出るようになるため，終宿主の鳥に食べられやすくなります。またカモ類に成虫が寄生する鉤頭虫ポリモルフィスの幼虫に寄生された中間宿主のヨコエビも明るい所に出てくるようになり，しかも幼虫が橙色で目立つため，カモに食べられやすくなります。

槍形吸虫（ヤリガタキュウチュウ）はヤギやヒツジに成虫が寄生し，アリが第2中間宿主となっていますが，吸虫の幼虫はアリの食道下神経節に被嚢します。するとアリは夕方低温になると顎を開けることができなくなります。そのため草の上で葉を噛み切っていたアリは葉に噛みついたまま翌朝暖かくなるまで動けません。ヒツジなどは早朝から草を食べるので，まだ動けないアリを偶発的に食べてしまう機会が高くなるわけです。

縮小条虫（シュクショウジョウチュウ）はネズミの腸に成虫が寄生し，中間宿主はゴミムシダマシなどの甲虫です（**図 3-22**）。ゴミムシダマシはネズミに出遭うと素早く隠れ，逃れられないときは尾端を上げて臭腺を翻出させ，有毒物質であるトルキノンを放出します。しかしこの条虫の幼虫に寄生されたゴミムシダマシは，運動性が鈍くなって隠れるまで時間がかかるようになり，臭腺の翻出率も低下し（**図 1-21**），さらに臭腺に含まれるトルキノンの量も少なくなることが知られています。つまりネズミに食べやすくなるよう操られているわけです。

ハリガネムシはカマキリなどに寄生し，成熟すると水中に脱出して交尾しますが，その際カマキリを水に接触させる，あるいは水に飛び込むよう

図 1-21 縮小条虫の幼虫に感染した中間宿主のゴミムシダマシは活動が緩慢となり，つままれた際に防御姿勢をとって臭腺を翻出させなくなる

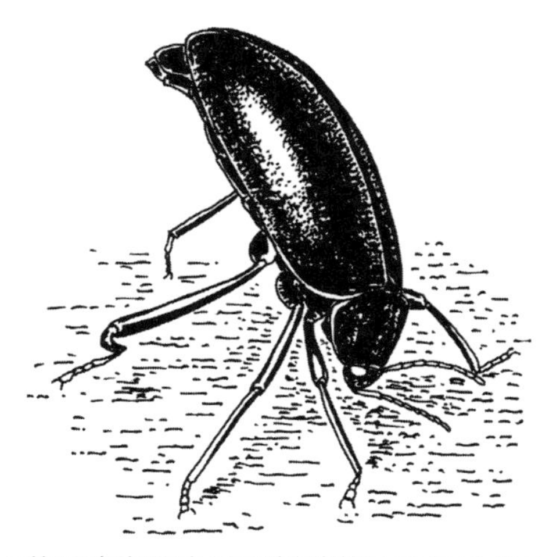

尾端から臭腺を翻出させて防御姿勢をとるゴミムシダマシ

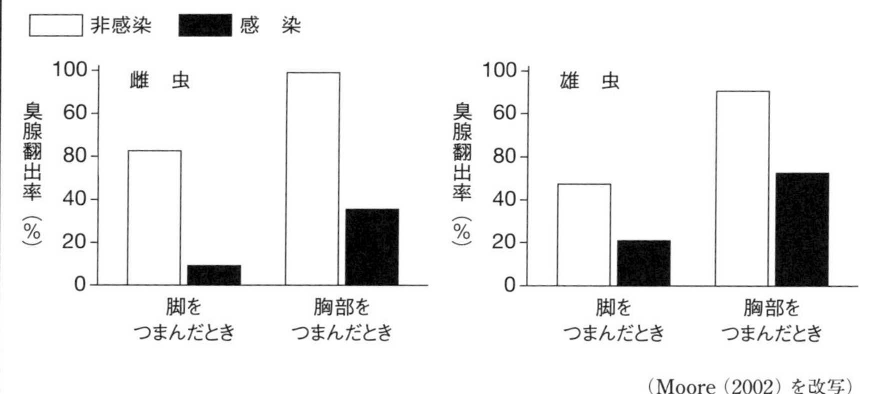

（Moore（2002）を改写）

に行動を操ります。ハリガネムシに寄生されたコオロギは，寄生されていないものに比べて鳴かなくなることが知られています。鳴くためには翅を擦り合わせるためのエネルギーが必要で，かつ鳴くことによりコオロギを餌とする動物に捕食されやすくなります。ハリガネムシはそのエネルギーを自身の体に吸収し，かつ捕食されて自身が死ぬことを防ぐためにコオロギの行動を操っていると解釈されます。

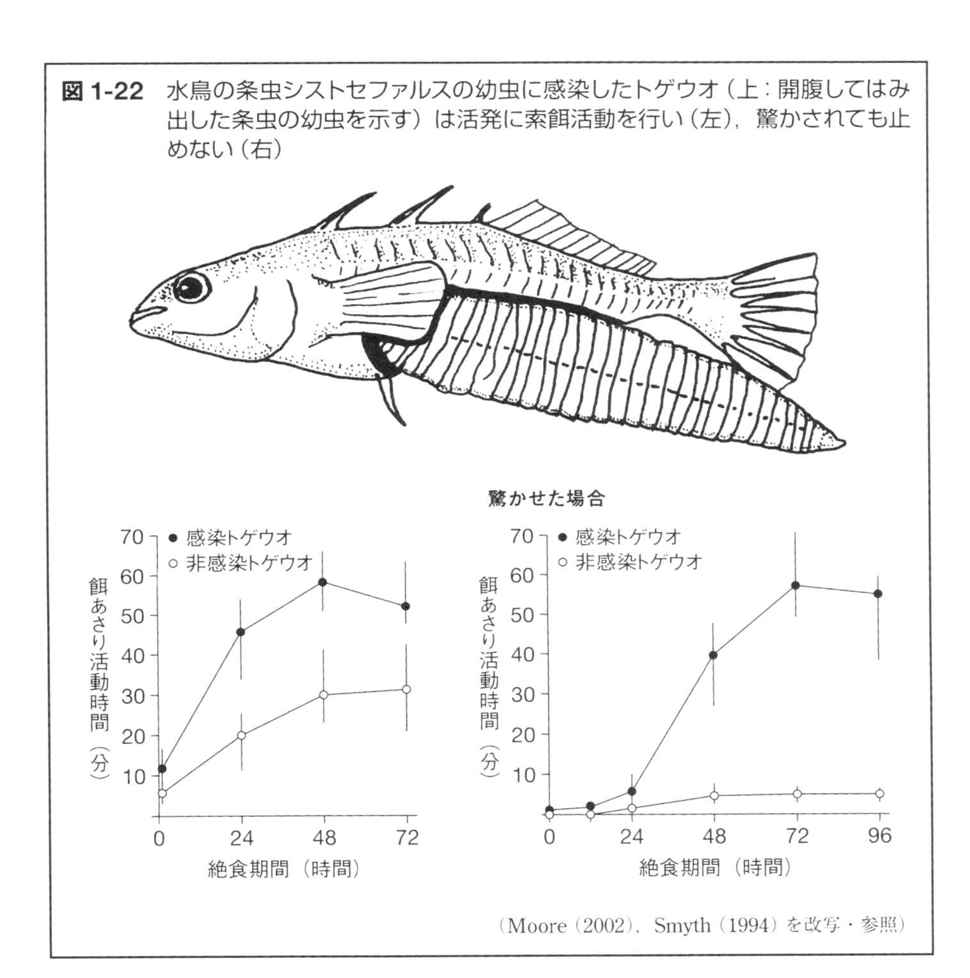

図 1-22　水鳥の条虫シストセファルスの幼虫に感染したトゲウオ（上：開腹してはみ出した条虫の幼虫を示す）は活発に索餌活動を行い（左），驚かされても止めない（右）

（Moore（2002），Smyth（1994）を改写・参照）

行動が操られるのは無脊椎動物だけではありません。条虫のシストセファルスはカモなど水鳥に成虫が寄生しますが，第2中間宿主はトゲウオです。この条虫の幼虫が寄生したトゲウオは活発に索餌活動を行うようになり，しかも驚かせても索餌活動を止めなくなります（**図 1-22**）。水鳥は容易にそのようなトゲウオをみつけて食べることができます。

行動は神経の働きによって起きるので，上記の例では寄生虫が宿主の神経系になんらかの化学的・機械的影響を直接的ないし間接的に与えていると考えられます。実際にどのような化学物質が関与するかはほとんどが未解明です。しかし最近，神経伝達物質ドーパミンが関係しているという仮説が提唱されています。トキソプラズマはネコで有性生殖をする原虫類です（**図3-5**）。この原虫はネズミでは無性的に増え，ネコはネズミを食べて感染します。寄生されたネズミは徘徊する傾向が強くなりネコに食べられやすくなります。トキソプラズマのDNAを調べたところ，ドーパミン合成に関与する酵素の遺伝子をもつことが示されました。トキソプラズマからドーパミンが過剰に産生されてネズミの行動を操っているのかもしれません。

ヒトも寄生虫に操られることがあるのでしょうか？　蟯虫（ギョウチュウ）は夜間就眠中に肛門周囲に雌虫が出てきて産卵しますが，その這う刺激で痒みを起こします。すると寝ているヒトは無意識に肛門周囲を掻いてしまいます。それによって蟯虫の卵が手指やシーツなどに付着し，次の感染へつながっていきます。蟯虫が感染すると，肛門部分の痒みで夜間の睡眠が不足となり，子供にさまざまな神経性の影響を与え，爪咬みなどが多くなるとされています。爪を咬めば，指に付着している卵が摂取されやすくなるわけで，これは操られる例といえます。

回虫や鉤虫に寄生されると，土やチョークなど異常なものに食欲を感じること（異味症・土食症）が古くから知られており，駆虫によって治癒するため，寄生虫によって起きるとされます。また無鉤条虫（ムコウジョウチュウ）の成虫に寄生されたヒトは往々にして食欲が亢進することがあります。しかし寄生虫にとってこのような宿主の行動が意味あるものかどうかは不明です。

9　寄生と進化

進化というと，一般にはどうしてもよりよく，高等な状態になっていくことと理解されている場合が多いのですが，それは生物学的には誤りです。ここでは進化は遺伝子に起きた変化（変異）の蓄積の結果と考えます。遺伝子の変異は，遺伝子の複製や修復のミスによって起きたり，配偶子形成の際に起きる組替えが通常と違う場所で起きたりすることによって生じます。また宿主の遺伝子の中には昔感染したウイルスの遺伝子が入っていたり，トランスポゾンとよばれる宿主の遺伝子の中をあちこち移動する短い遺伝子があり，これらがときに宿主の形質に大きな変化を起こすとされています。(本書ではとりあげませんが，トランスポゾンを遺伝子にひそむ寄生体とみなすことがあります)

寄生虫の存在が宿主の遺伝子の頻度に影響を与えることがあります。もっとも有名な例はヒトの鎌状赤血球症でしょう。この病気はヘモグロビンを構成するβグロビンの遺伝子に1塩基の変異があり，ヘモグロビンの1アミノ酸が変化（グルタミン酸→バリン）しているために，赤血球が末梢組織など低酸素状況では鎌のような形に変形し，毛細血管に詰まって組織に酸素を運ぶことができなくなります。ヒトはβグロビンの遺伝子を両親から1つずつ受け継いでいますが，その両方が変異遺伝子の場合は多くが乳幼児期に死亡します。一方だけが変異遺伝子の場合は通常の生活ではあまり差し支えがありません。このように生存に不利な遺伝子変異は，自然選択によって徐々に除かれるため集団内の頻度が低くなるはずですが，しばしば致死性となる寄生虫病の熱帯熱マラリアが流行するアフリカでは，変異遺伝子の頻度が高く，ときに50%近くに達することがあります。これは熱帯熱マラリア原虫がこの変異ヘモグロビンをもつ赤血球に寄生しにくいため，この変異遺伝子を一方だけもっているほうが，正常遺伝子のみをもつ個体よりもこの地域では生存して子孫を残しやすく，結果として変異遺伝子の頻度が高くなったものと考えられています。

寄生と進化の関係でもっとも注目されるのは共進化でしょう。たとえばヒトにはヒト蟯虫（ヒトギョウチュウ）が寄生しますが，チンパンジーには別のチンパンジー蟯虫が，ゴリラにはゴリラ蟯虫が，オランウータンにはオランウータン蟯虫が，テングザルにはテングザル蟯虫が，ニホンザルなどマカク属にはマカク蟯虫が……というように，霊長類の属ごとに異なる固有の蟯虫が寄生しています。このような関係が生じたのは，霊長類が種分化するとき，その蟯虫も共に種分化したからだと考えられます。共進化は寄生虫と宿主の間にのみみられるものではありません。もともと共進化は植物とそれを特異的に餌とする昆虫の関係について提唱された概念です。その後，授粉昆虫と植物，擬態生物とそのモデル，寄生虫とその宿主など幅広くさまざまな生物間の進化にも適用されてきました。共進化の定義は「互いに影響しあう生物間に成立する相互的な進化的変化」というものです。共進化は双方の遺伝子の変化を伴います。ということは，遺伝子を比較解析すれば共進化を証明できるはずです。まだ蟯虫の遺伝子データの蓄積は不十分ですが，その系統関係は宿主の系統にかなり似ており，共進化をしてきたことが示唆されます（**図 1-23**）。

ではどのようなメカニズムで共進化が起きるのでしょうか。異所的共種分化モデル，資源追跡モデル，軍拡競争モデルなどが提唱されています。異所的共種分化モデルは，宿主の集団が２つに分断されたとき，その寄生虫も別れざるを得ず，２つの集団の間に遺伝子の交流がなくなるので，それぞれの集団で別の異なる遺伝的変化が起き，その結果別の種へ分化するというものです。資源追跡モデルは，宿主が寄生虫に提供している資源（生息部位や栄養など）を変える変化が起きると，新しい資源に適応しようとして寄生虫側の変化が起きる，という考えです。軍拡競争モデルは，宿主と寄生虫を互いに攻撃的な関係ととらえ，宿主が寄生虫を排除する方向に防御機構を進化させ，寄生虫はそれを無効化する方向に進化するという考えです。実際の共進化には，これらが複雑に関与しているはずです。宿主の変化に対応できなかった場合は，その寄生虫は絶滅するか，新しい宿主を獲得するしかありません。宿主が絶滅する場合も同様です。寄生虫は生き残り繁栄するために，新しい宿主に乗り換えることもあります。

図 1-23　霊長類の系統樹（左）と蟯虫の系統樹（右）の比較

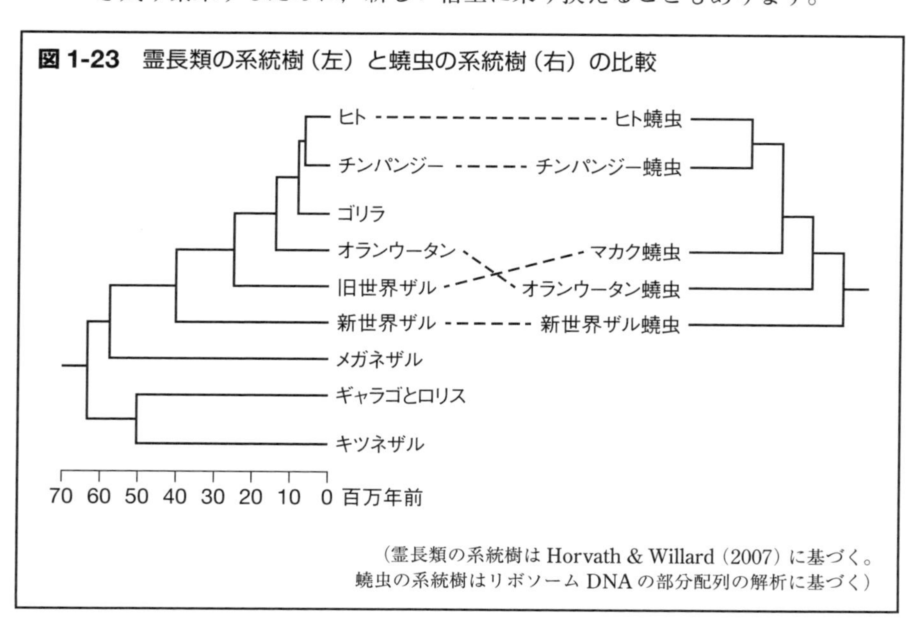

（霊長類の系統樹は Horvath & Willard (2007) に基づく。
蟯虫の系統樹はリボソーム DNA の部分配列の解析に基づく）

10 寄生虫による病気

寄生虫が起こす病気を寄生虫症といいます。ウェブスター国際辞典の定義には寄生虫は「宿主にある程度の病害を与える生物」とあります。この病害はごく軽微なものから，重篤な症状をきたして宿主を殺してしまうものまで，千差万別です。また寄生している虫の数が少ない場合はほとんど病害がなくても，多くなると強い症状を起こすことがあります。さらに同じ寄生虫による病害も，宿主の個体差によってその程度が異なります。

寄生虫がどのように病気を起こすかもじつにさまざまです。噛みついたり吸着したりして組織を破壊する機械的な病害から，吸血して貧血を起こすもの，分泌する物質によって炎症など組織反応をきたすもの，寄生虫に対する宿主の免疫反応が宿主自身を傷害してしまうもの，寄生虫が産生する毒素によって神経症状が現れるもの，寄生虫が大きくなって，臓器を圧迫してその機能を障害するものなどがあります。また本来の寄生部位に収まっていればそれほど病害がない寄生虫が，ほかの器官に入り込んで強い症状を起こす場合もあります。たとえば回虫の成虫は通常小腸に寄生しますが，少数が腸内にいる状態では病害は弱く，逆に1個体でも気管や胆管に迷入すると死をもたらすことがあります。

寄生虫が宿主を殺してしまえば，寄生虫も共に死ぬことになる場合が多いので，寄生虫の生存戦略としては強い病害性は不利となります。むしろ宿主にほとんど病害を与えず，長期間にわたって栄養を得て繁殖するほうが好ましいはずです。激しい症状を起こす寄生虫はまだ適応が不十分なものともいえます。寄生関係は長い間には共生関係に移行するといわれ，固有宿主においては病害性が著しくない場合がしばしばみられます。

11 免疫と寄生虫

免疫は病原体から体を守るシステムです。当然寄生虫に対しても免疫が働きます。しかし寄生虫が完全に排除されることはまれで，ふつうは感染し続けます。それは寄生虫が生き残るために，さまざまな手段をとっているためです。その巧妙なしかけをいくつかの例でみてみましょう。その前に，免疫の仕組みをおおまかに説明します。免疫は自然免疫と獲得免疫に分けられます。自然免疫は生まれつきそなわっているもので，すべての病原体に対して一定の効果がありますが，感染を繰り返しても抵抗性が増すことはありません。一方，獲得免疫は特定の病原体に対して反応が起き，しかも感染を繰り返すことで抵抗性が増大します。

自然免疫は，たとえば皮膚には強い角質層があり，そこに汗腺や皮脂腺などから塩類，有機酸，脂肪酸などが分泌され，バリア（障壁）を形成しています。鼻，口，眼など，外部に開く部分と，それに通じる気管，消化管などは表面に粘膜があり，リゾチームなどを含む粘液を分泌して，病原体の侵入を防いでいます。これらを突破して病原体が侵入すると，それらから放出される化学物質が食細胞である好中球やマクロファージなどを侵入部位によび寄せ，炎症反応を起こして病原体を破壊しようとします。寄生虫では小血管やリンパ管を傷つけることが多く，血液凝固反応や補体系の反応をひき起し，それが寄生虫をトラップします。

自然免疫を突破して侵入する病原体に対して獲得免疫が対応します。自然免疫と獲得免疫には密接な連携があることが近年明らかにされています。マクロファージはTLR（Toll様受容体）などの分子で病原体にある分子を認識し，どのような病原体が体内に侵入したという情報をサイトカインを分泌してほかの細胞に伝え，それにより獲得免疫機構が働き出します。TLRやサイトカインにはさまざまな種類があります。獲得免疫には抗体が関与する液性免疫と，関与しない細胞性免疫があります（**図1-24**）。

液性免疫では，食細胞である樹状細胞が外来異物（たとえば寄生虫や寄生虫由来のタンパク質など）を貪食して活性化すると，近くのリンパ節に移動して，異物を細胞内で処理して短いペプチドの形にし，細胞表面に突き出します（これを抗原提示といいます）。リンパ節ではさまざまなナイーブヘルパーTリンパ球（1000億種類以上あるとされます）がいて，抗原提示細胞と接触します。ちょうど樹状細胞が提示しているペプチドにぴったり合うナイーブヘルパーTリンパ球が接触すると，樹状細胞から刺激を受け，活性化して盛んに分裂増殖します。活性化したヘルパーTリンパ球はTh1，Th2，Th17の3型に分かれます。Th1の多くはリンパ節から出て，異物と戦っているマクロファージを刺激し，食作用をもっと活発にさ

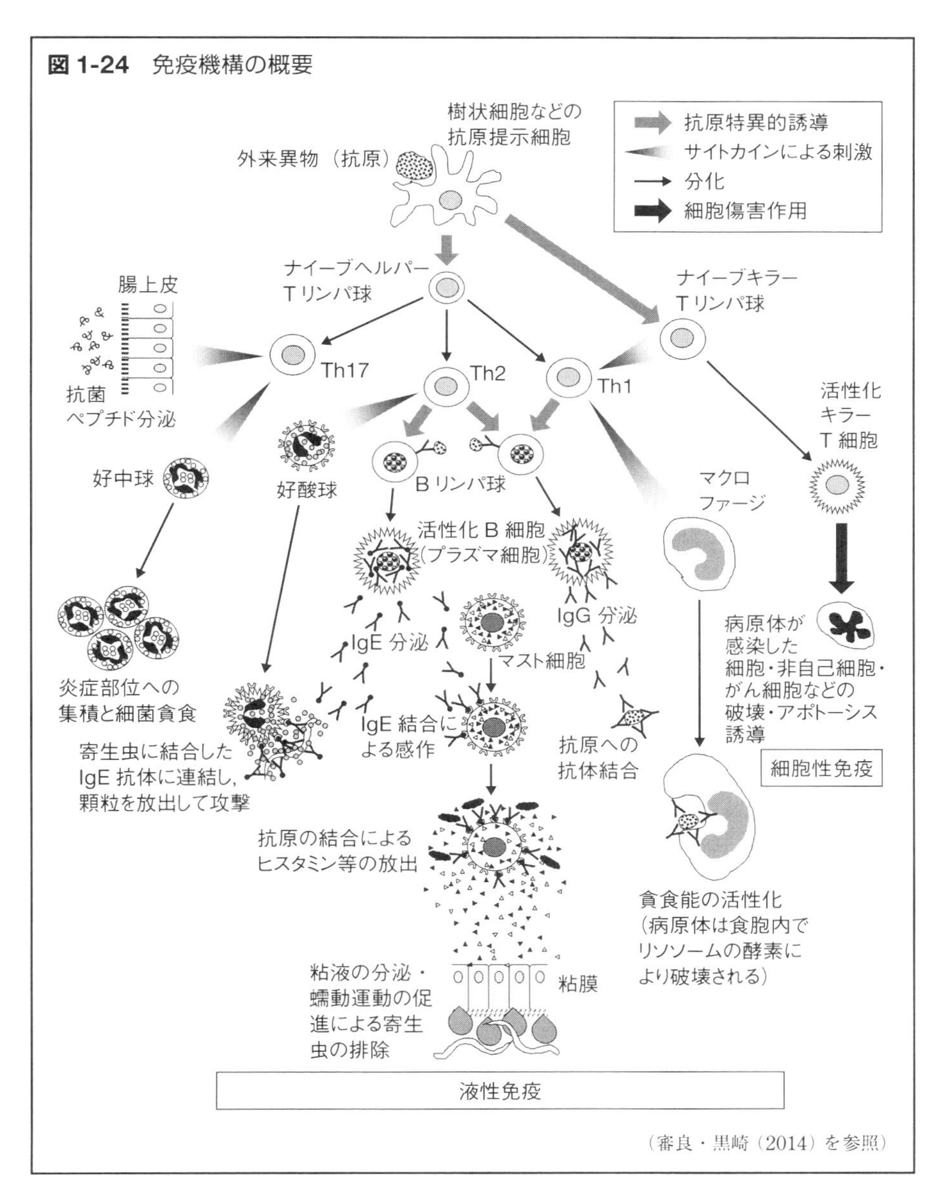

図 1-24　免疫機構の概要

（審良・黒崎（2014）を参照）

せます。リンパ節内に残った活性化 Th1 と Th2 は周囲にたくさんいる B リンパ球（これも 1000 億種類以上あるとされます）の中から，侵入した抗原にちょうど対応できる B リンパ球を探します。じつは対応できる B リンパ球はすでに抗原を食べ，そのペプチドを表面に突き出しているのです。活性化ヘルパーTリンパ球はそこに結合すると，Bリンパ球を刺激します。刺激されたBリンパ球は分裂増殖してプラズマ細胞となり，抗体を分泌します。なお，このとき刺激された一部のリンパ球は記憶細胞として残り，次回に同じ抗原が侵入したとき，速やかに反応するため，大量の抗体が分泌されるようになります。

抗体は抗原と結合して抗原を凝集させ，無効化したり，マクロファージなどが抗原を貪食しやすくします。すでにTh1の働きでマクロファージは活性化しているので，抗原は効率的に処理されます。抗体は免疫グロブリン（Ig）ともよばれるY字型のタンパク質で，分岐した腕の先端部は，抗原に対応した形をしており，特定の抗原に特異的に結合します。一方，Y字の根元の部分にはいくつかの型（クラス）があり，その違いで，IgA，IgM，IgG，IgEに分けられ，存在部位や機能が異なっています。そのうちIgEはY字の根元部分がマスト細胞（肥満細胞）などの表面にある受容体に結合して，細胞を感作した状態（敏感になった状態）にします。これらの感作された細胞表面のIgEが対応する抗原と接触することによって，細胞内から生理活性物質を放出します。マスト細胞の場合はヒスタミンやロイコトリエンを放出し，これらが粘膜の透過性を高めて粘液を分泌させ，平滑筋を収縮させて蠕動運動を活発にし，とりついた寄生虫を排除しようとします。（これが誤作動して過剰に働いた場合がアレルギーと考えられています）。また好酸球もIgEの受容体をもち，Th2から活性化されると，IgEが結合した寄生虫に対して細胞内の顆粒の中にある物質を放出し，殺そうとします。

細胞性免疫が働く対象は細胞内に入り込んでいる病原体です（自己の細胞ががん細胞になったときや，非自己の細胞が入り込んだときも細胞性免疫が働きます）。これらの細胞は非自己の分子（ペプチド）が細胞表面に出ています。抗原提示細胞から抗原の提示を受けたナイーブキラーTリンパ球がヘルパーTリンパ球のサイトカインを受けて活性化し，体内を循環して非自己分子を表面に出している細胞をみつけて攻撃し，破壊します。

では免疫で完全に寄生虫を防御できるのでしょうか？　そんなことはありません。同じ寄生虫に何度も感染しますし，最終的に免疫を凌駕し，宿主を殺す寄生虫さえあります。なぜそのようなことになるのか，いくつかの事例でみてみましょう。マラリア原虫の場合は速やかに免疫の及ばないところ，すなわち宿主自身の細胞内に侵入して攻撃をかわします。媒介者のハマダラカによって注入された原虫（スポロゾイト）はまず血流に乗って肝臓に達し，肝細胞に入り込みます。いったんそこで増えたあと，肝細胞を破壊して再び血流に入り，速やかに赤血球に侵入し，今度はそこで増殖し，赤血球を破壊して飛び出し，すぐ次の赤血球に侵入する，という過程を繰り返します（**図 3-4**）。T リンパ球から情報を得たマクロファージは原虫を貪食し，原虫を入れた食胞にリソソームを融合させ，リソソームに含まれる各種の加水分解酵素で消化しにかかります。しかし，必ずしもうまく対処できるわけではありません。たとえばトキソプラズマは食胞に取り込まれると食胞の周りにミトコンドリアや小胞体を集め，リソソームが融合できないようにしてしまいます。そして食胞内で増殖した原虫はやがてマクロファージを破壊し，別の細胞へ侵入します（**図 1-25**）。同じ原虫類でもサシガメによって媒介される南米のクルーズトリパノソーマは，マクロファージに食べられると，食胞膜を溶かして食胞から脱出してリソソームの融合を阻止し，その後，鞭毛を引っ込めて無鞭毛期となり，細胞質内で増殖し，やがて細胞を破壊してほかの細胞へ侵入していきます（**図 1-25**）。睡眠病を起こすアフリカのローデシアトリパノソーマはツェツェバエによって媒介されますが，宿主の細胞内には入りません。原虫が感染すると液性免疫が働いて，抗体が産生され，原虫を攻撃するので，原虫数が減少します。しかしそこでトリパノソーマは体表面を覆うコートを別のものに変えます。すると抗体はその表面に結合できず，原虫は再び勢いを盛り返して増えてきます。免疫系も新しい表面抗原に対して別の抗体を産生しはじめます。すると原虫はまた表面コートを別のものに変えます。新しい表面抗原に対して宿主の免疫系はまた次の抗体をつくります。すると原虫がまた新しいコートをまとう……この繰り返しで宿主は疲弊し，死に至ります（**図 1-26**）。

蠕虫類もさまざまな方法で免疫機構に対抗して生き残りを図ります。そのいくつかを紹介します。

(1) 攻撃の及ばない所に逃げる：寄生部位を防御機構の及ばない所にすることで攻撃を免れようとするやり方です。たとえば消化管内はいわば体

図 1-25　原虫が宿主の免疫機構から逃れる機構の例

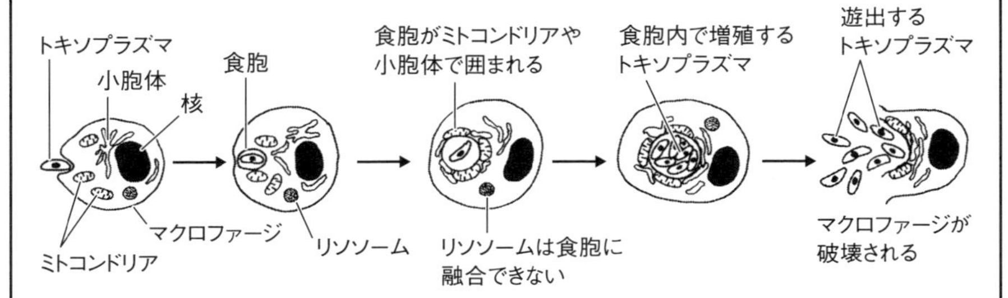

トキソプラズマはマクロファージに食べられても，食胞がミトコンドリアや小胞体で囲まれ，リソソームが融合しないため，消化されず，増え続け，ついには細胞を破壊する。

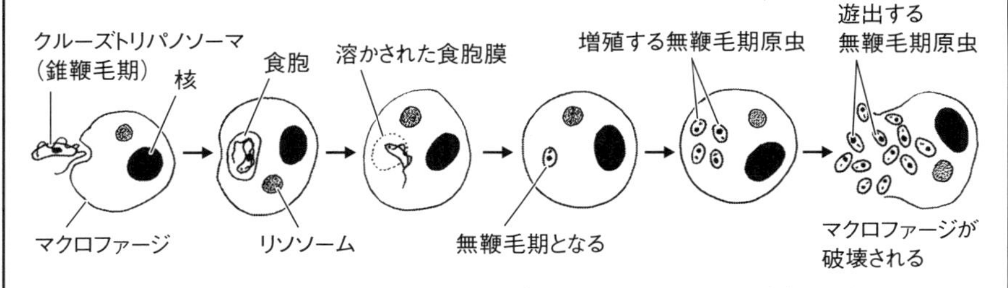

クルーズトリパノソーマはマクロファージに食べられるとリソソームが融合する前に食胞膜を溶かして脱出し，その後無鞭毛期となって増殖する。

（小島ら（1993）を改写）

外であり，免疫細胞や抗体の作用が及びにくい部位です。回虫など多くの寄生虫は消化管をすみかとしています。組織内では自分の体の周囲に膜を被って（宿主の反応を利用して膜をつくらせる場合が多い）免疫から逃れます。とくに幼虫の段階でとどまる場合（旋毛虫（センモウチュウ）など）はこの方式がよく用いられます。

(2)　抗原を変異させる：体表の抗原を攻撃されにくいものに変えることで，攻撃を免れるやり方です。これには前述のトリパノソーマに似て体表面分子を変異させたり，寄生虫が宿主の成分の一部を合成してまとったりすることが知られています。さらに宿主成分を体表に吸着することで，宿主になりすまして逃れようとするものがいます。驚くべきことに，宿主の抗体を体表に結合する場合が多く知られています。感染初期に産生される致死作用の弱い IgM 抗体を体表に結合することによって，より作用の強い

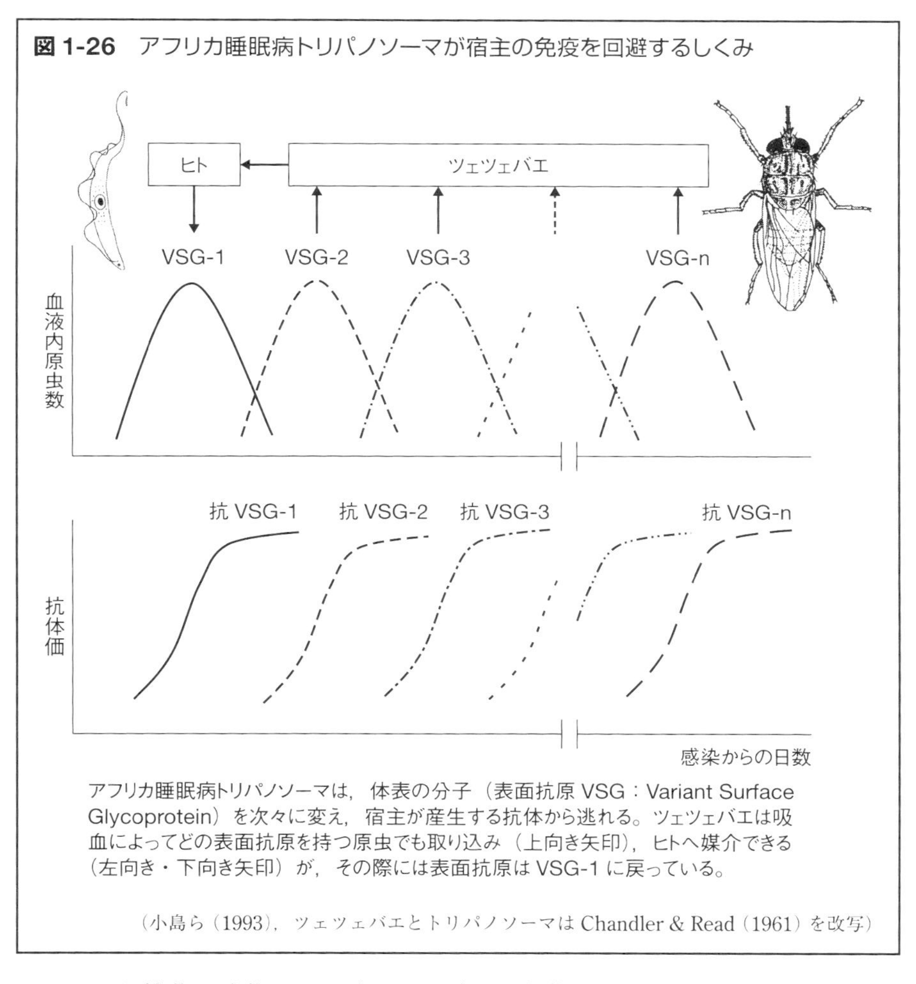

IgG 抗体や感作リンパ球による致死的損傷を回避しているものとみられます。

(3) 免疫応答を抑制する：蠕虫の感染につれて宿主の免疫に変調が生じてきます。とくに虫体とは無関係な抗体が産生され，さらに宿主自身と反応する抗体までできてきます。また細胞性免疫の担当細胞の活性化が抑制されます。さらに蠕虫から放出される多量の抗原物質が宿主の抗体と結合して免疫複合体をつくることで特異抗体を消費させるとともに，これらが免疫細胞と結合して虫体本体への攻撃を阻止しています。このほか抗補体成分の放出による補体系反応の阻害や，抗体の切断による免疫反応の抑制などが知られています。

11.1 寄生虫ワクチン

多くのウイルスや細菌に対しては，ワクチンが開発され，これらによる感染症が克服されてきました。これはいわゆる二度なし現象（一度ある感染症にかかると，二度はかからない）ことがふつうだからです。しかし上記の例でみてきたように，寄生虫は宿主の免疫反応を無効化する方向に進化してきたため，免疫の効果は限定的であり，何度でも感染することが一般です。マラリアや住血吸虫症など多くの感染者・死亡者が出る疾患について，最新の分子生物学的手法に基づいてワクチン開発が進んでいます。かなり有望で大規模臨床試験が実施されているワクチン候補や，製薬会社から発売が決定しているものもあります。寄生虫症対策がワクチンを主体としたものに変わる日も遠くないかもしれません。

11.2 寄生虫症の病理と免疫

免疫は体を寄生体から守る一方，強い反応が宿主にとっても不利に働くことがまれではありません。たとえば日本住血吸虫（ニホンジュウケツキュウチュウ）症では肝臓の血管に詰まった住血吸虫卵から出る抗原物質に対して，卵を閉じ込めようとして周囲に結合組織がつくられ，そのため肝臓が繊維化して肝硬変へと至ります。また多くの組織内に侵入した虫体の周囲に膿瘍や肉芽腫が形成されるのも同様のメカニズムによるものと理解されます。アレルギーは体を守るはずの免疫反応が過剰に作用して病気となる状態ですが，これが蠕虫感染症の病理の根幹となっている場合が少なくありません。後述しますが，アニサキス症の劇症型は即時型過敏症（アナフィラキシー）で，すでに感作されているヒトに起きることが知られています。

寄生虫とアレルギーの関係では，花粉症などの疾患の増加と寄生虫感染の減少との関連が近年話題となりました。すなわち，回虫などの蠕虫感染が減少したために，それまで寄生虫に対する防御機能として働いていた免疫機構が，戦う相手を失って変調し，アレルギーを増加させているという説です。また自己免疫疾患もアレルギー同様に増加しており，これも寄生虫がいなくなったことによる免疫機構の暴走ではないかと考える研究者もいます。それが正しければ，人為的に寄生虫に感染させればアレルギーやクローン病を改善できるという考えにつながります。実際，外国ではブタ鞭虫（ブタベンチュウ）の生きた卵などを投与して，これらの疾患を制御しようとする試みが行われています。しかし，アレルギーなどの発症機構は複雑であり，単純に寄生虫に感染すればよいというものではないはずです。

12 寄生虫と生命科学

マラリアやアフリカ睡眠病などは寄生虫によって起こされる重篤な病気で，その治療や対策の方法を求めて多くの研究がなされています。その研究の中から生命についての私たちの理解を深める知見が次々に発見されています。これらは生命科学への「貢献」ともいえます。そのいくつかを紹介します。

マラリア原虫やトキソプラズマなどのアピコンプレックス類にはアピコプラストとよばれる小体が細胞内にあります。アピコプラストはマラリア原虫の生存に不可欠と考えられ，ミトコンドリアと密接に連携して，脂肪酸やリン脂質の合成を行っています。電子顕微鏡で観察すると，アピコプラストは4枚の膜で囲まれていることがわかります。研究によって，これはもともと葉緑体をもった単細胞性紅藻類が，アピコンプレックス類の祖先の細胞に取り込まれてできたらしいことがわかりました（**図1-27**）。葉緑体自体も，かつては別個の原核生物だったラン色細菌が細胞に取り込まれてできたので，2枚の膜に囲まれています。その葉緑体をもった細胞がまた別の細胞に入り込んだら，膜が4枚になるわけです。アピコプラストは生命の歴史の初期に起こった細胞内共生（あるいは寄生）が複数回重なったことを示しています。

アフリカ睡眠病は原虫トリパノソーマによって起きますが，その原虫のミトコンドリアでは，RNA編集という現象が起きます。ミトコンドリアには固有のDNAがあり，それからRNAが転写されます。しかしそのRNAはU（ウラシル）が多数抜けていて，そのままでは使いものになりません。

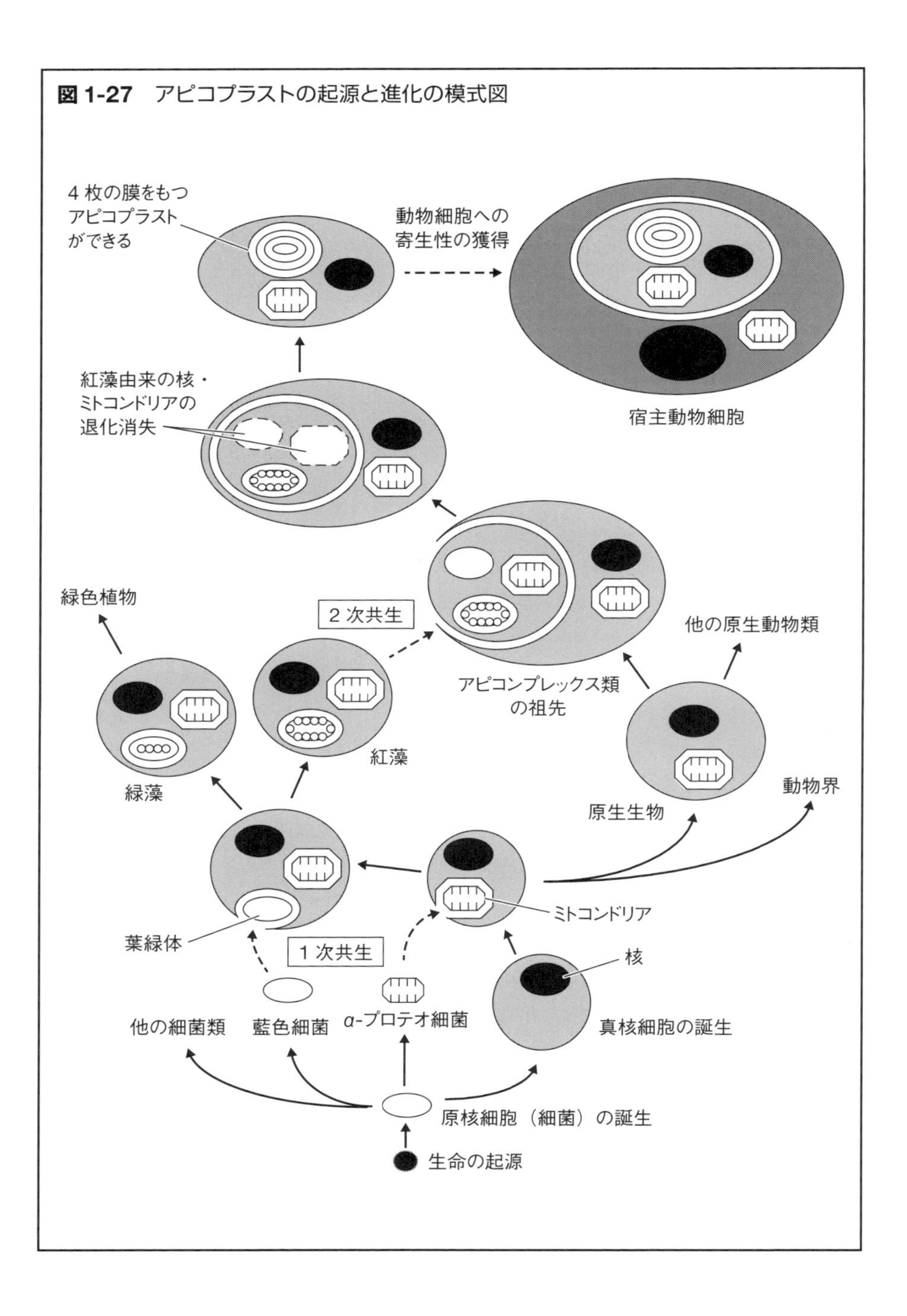
図 1-27　アピコプラストの起源と進化の模式図
4 枚の膜をもつ
アピコプラスト
ができる
動物細胞への
寄生性の獲得
宿主動物細胞
紅藻由来の核・
ミトコンドリアの
退化消失
緑色植物
2 次共生
他の原生動物類
アピコンプレックス類
の祖先
紅藻
緑藻
動物界
原生生物
ミトコンドリア
葉緑体
1 次共生
核
他の細菌類
藍色細菌
α-プロテオ細菌
真核細胞の誕生
原核細胞（細菌）の誕生
生命の起源

じつはそのあとでガイドRNA分子がその適切な位置にUが挿入されるようにして，はじめて翻訳が可能なRNAにするようになっていたのです。この仕組みをRNA編集といいますが，その後このRNA編集はヒトを含む哺乳類でさまざまなものが発見される契機となりました。

column

ノーベル賞と寄生虫

寄生虫や寄生虫病の研究に関連してノーベル医学賞（正式には生理学・医学賞）が与えられたことが6回あります。

1902年R. ロス（英）：ヒトのマラリア原虫がハマダラカを媒介者とすることを証明。

1907年C. L. A. ラブラン（仏）：マラリア原虫が赤血球内に存在することを発見（1880年）。リーシュマニアの発見にも関与。

1926年F. G. フィビガー（デンマーク）：線虫 *Gongylonema neoplasticum* によってラットが胃がんになることを発見。当時がんの原因について諸説ありましたが，寄生虫が原因になるという明確な証拠を示したと評価されたのです。この時候補として最終選考まで残りながら受賞を逸したのが，ウサギの耳にコールタールを長期にわたって塗り続けて発がんに成功した東京帝国大学の山極勝三郎です。フィビガーの研究は死後に再検討が行われましたが，胃がんを再現することはできず，その業績は否定されました。これに懲りてノーベル賞選考委員会はがん研究の評価に極めて慎重となったといわれ，次にノーベル賞ががん研究に与えられたのは，40年後の1966年でした。因みにこの時受賞したP. ラウスのウイルスによる発がんの研究は1910年頃のものです。

1927年：J. ワグナー＝ヤウレック（オーストリア）：進行麻痺に対するマラリア接種の治療効果の発見。進行麻痺は梅毒による末期の脳疾患で，知能障害と人格崩壊を起こします。進行麻痺の患者にマラリア患者の血液を注射すると当然マラリアにかかりますが，その際の熱発作によって，高温に弱い梅毒菌が殺されるため，症状が改善するという，まさに毒をもって毒を制する原理です。抗生物質が知られていない当時は画期的な治療法と考えられたのですが，もちろん現在は行われません。

1948年：P. ミュラー（スイス）：殺虫剤DDTの開発。現在では残留毒性が強いことで使用禁止となっていますが，当時はマラリアや発疹チフスなど感染症を媒介する節足動物の対策に絶大な効果をあげました。

2015 年：大村　智（日本），W. キャンベル（米），屠呦呦（トゥー・ユーユー）（中国）：寄生虫症の治療薬の開発。大村は土壌から得た細菌を培養して感染症の治療に有望な成分を産生する株を発見し，その株からキャンベルは線虫症の治療に著効のあるアベルメクチンを抽出し，さらにその化学構造を一部変えて，より作用の強いイベルメクチンを合成しました。イベルメクチンは当初動物薬として家畜の線虫症に使われましたが，やがてヒトのオンコセルカ症やリンパ管フィラリア症に劇的に効果があることがわかり，数百万人をオンコセルカによる河川盲目症の脅威から救いました。その後イベルメクチンは糞線虫症やヒゼンダニによる疥癬にも著効があることがわかりました。屠はヨモギの一種からマラリアに卓効のあるアルテミシニンの抽出に成功し，クロロキンなどに薬剤耐性のあるマラリアの治療に多大な貢献をしたことが評価されました。

第2章 ヒトと寄生虫のかかわり

1 人類の歴史と寄生虫

現在ヒトには約440種の寄生虫が知られていますが，その多くはほかの動物にも寄生する種（これを人獣共通寄生虫といいます）で，ヒトに固有なものは40種に満たないとされています（**表2-1**）。これらはどのような

表2-1 分類群と人獣共通性の程度からみた人体寄生虫の種類数

分類群	人獣共通性				
	①	②	③	④	①-④全て
原虫類	23	30	20	10	83
吸虫類	29	93	5	3	130
条虫類	12	36	2	4	54
線虫類	52	40	8	14	114
鉤頭虫類	3	4	0	0	7
節足動物類	20	20	3	6	49
計	139	223	38	37	437

人獣共通性の区分

① 偶発的な感染で，伝播型は発達しないか，発達しても外部に出ないので，伝播は不可能。人体寄生虫として通常はきわめて稀。包虫，旋毛虫，舌虫幼虫など。
② 偶発的な感染で，伝播型が形成され，放出されるが，ヒトは感染源として一時的。
③ ヒトと動物によって維持されている感染。
④ ヒトに依存して維持されている感染。他の脊椎動物は偶発的な宿主。

（Ashford & Crewe（2003）を参照）

経過でヒト固有となったのでしょうか。人類はアフリカに起源し，現生人類は約６万年前にアフリカから出て，世界中に移動拡散したとされています。人類の寄生虫には類人猿との共通祖先から引き継いで，人類とともに共進化したと考えられるものと，人類となってからほかの宿主寄生であったものを獲得した場合があり得ます。ヒトジラミやヒトの蟯虫は近縁種が類人猿にもいますので，前者と考えられます。一方，有鉤条虫（ユウコウジョウチュウ）や無鉤条虫は獣肉を生で摂取することで感染しますので，肉食の習慣があまりない類人猿には感染がみられません。これらは人類が二足歩行となって獣類を捕食するようになってから獲得した寄生虫と考えられます。また回虫はヒトにはふつうの寄生虫ですが，野生類人猿にはまれであり，ヒトの回虫にもっとも近縁なのはブタ回虫（ブタカイチュウ）ですから，これも人類となってから獲得したものでしょう。

古来から大型の寄生虫は目につきやすいので記録されていました。回虫や無鉤条虫は紀元前 1500 年頃のエジプトのヒエログリフに記されています。旧約聖書の民数記にある「炎の蛇」はメジナ虫（メジナチュウ）に該当するともいわれています。また原因が寄生虫とは気づいていなくとも，症状の記録から住血吸虫症やマラリアとみられる病気も古代エジプトや中国で記録されています。わが国では平安時代の今昔物語に寸白（すばこ，すばく）として寄生虫が二話載っており，そのうちの一話では柱にぐるぐる巻きつけるほどの長さから，条虫であったことがわかります。ただし寸白は特定の種類をさすものでなく，回虫なども含めた総称だったようです。またマラリアは瘧（おこり）とよばれ，平清盛はこれによって死亡したと推測されています。

このように寄生虫は人間の健康に影響を与えてきましたが，虫が人体内に自然に発生する，あるいは当然いるものと思われていた時代が長く，「腹の虫が収まらない」「虫の居所が悪い」というような表現にその名残があるようです。道教では人の体内に「三尸の虫」というものがいて，60 日に一度巡ってくる庚申の夜に体から抜け出して天に昇り，天帝にその人の悪業を報告すると，罰が下って当人が死ぬとされました。中国ではこの考えから，体から抜け出ないように庚申の夜は眠らないようにする風習が生まれ，日本にも移入されて「庚申待ち」として平安時代以降に行われました。これも人体内から寄生虫が出てくることが関連して発想されたものかもしれません。シラミやノミもごくふつうにみられ，芭蕉は「夏衣いまだ虱を取り尽くさず」「蚤虱馬が尿する枕もと」などの句を残しています。

近代に至って自然発生説が否定され，寄生虫の生活環や感染経路が解明されだしたのは，19世紀後半に入ってからです。無鉤条虫が牛肉内の肉眼でも見える嚢虫を食べることによって感染することが証明されたのは19世紀半ばで，感染形が顕微鏡でしか見えない回虫や鉤虫などの寄生虫の生活環が解明され，フィラリア症（糸状虫症）やマラリアが蚊によって媒介されることが証明されたのは19世紀末から20世紀の初めでした。

column

文学と寄生虫

古典文学だけでなく，近・現代の日本の文学作品にも寄生虫が登場することがあり，その時代背景を映し出しています。

夏目漱石の「坊ちゃん」（1906年）には，坊ちゃんと山嵐が牛肉を煮てつつく際，「そこのところはまだ煮えていないぜ。そんなのを食うと条虫が沸くぜ。」という件りがあります。無鉤条虫が牛肉から感染することは1863年にドイツのロイカルトが初めて報告しています。わが国では開国・文明開化で牛肉を食べる習慣が広まったのですが，20世紀初めには既にその知識が日本でも一般に知られていたことがわかります。

内田百閒は旧制中学生のとき「文章世界」に「乞食」（1906年）を投稿して優等入選していますが，そこでは家にやってきた乞食の子が座っていた薦に「五分程の白い虫がうねくねして」いて「汚い。尻からでも出たのか知ら」と思っているうちに隣のニワトリが来て食べてしまう様子を活写しています。記述から線虫のようですが，5分（約1.5 cm）となると，蟯虫としては大きく，回虫としては小さく，どの種が該当するのかわかりません。彼はまた旧制高校生の1910年頃，大声を出しすぎて痰に血が混じったのを肺ジストマ（現在の肺吸虫）と医師に誤診された経験を，後年「随筆億劫帳」に書き留めています。ベルツによる喀痰からの肺吸虫卵の発見（1878年）があり，医師の関心が高かったのでしょう。中川幸庵が肺吸虫の第2中間宿主が淡水産のカニであることを発見（1915年）する少し前のことでした。

詩人中原中也は「三歳の記憶」（1936年）で

稚厠（おかわ）の上に　抱へられてた，

　　　　すると尻から　蛔虫（むし）が下がった。
　　　　その蛔虫が，稚厠の浅瀬で動くので
　　　　動くので，私は吃驚しちまった。

と幼児期（1910 年頃）の衝撃的な経験を独特のスタイルでうたっています。彼は医師の家に生まれているので，衛生環境は良かったと思われます。しかし回虫の感染を防げなかったわけで，当時いかに腸管寄生虫が蔓延していたかを示しています。

井伏鱒二は「黒い雨」（1966 年）の中で，主人公の女性が夜間，蟯虫による肛門周囲の瘙痒感に苦しむ様子を描写し，肛門周囲の腫れものの腐敗した部分に蟯虫が卵を産みつけている公算があるので，その悪い組織の一部を取って顕微鏡で調べた上，すっかり取除く外科手術に取りかかりたい，と医師に述べさせています。この部分は井伏によるフィクションであるらしく，「黒い雨」の元になったとされる重松静馬の「重松日記」にはこのような記述は見当たりません。蟯虫が組織内に迷入して腫れものを形成することはまれにありますが，腫れものの中に卵を産みつけることはありません。当時であっても外科手術で蟯虫症を治療するということは考えられません。井伏がこのような記述をした意図は図りかねますが，「黒い雨」で設定された時代は 1950 年頃で，蟯虫を駆除する十分に有効な薬剤がなかった状況を反映していることは確かでしょう。

2　寄生虫対策の歴史

わが国では幕末から明治時代に西洋医学が導入され，寄生虫は感染するものという認識が広まりました。ベルツによる肺吸虫（ハイキュウチュウ）症の発見（1878 年）や桂田富士郎による日本住血吸虫の発見（1904 年）などが相次ぎました。日本では便所はつくられていましたが，溜まった屎尿は肥料として利用されていて，野菜や環境を寄生虫卵や幼虫で汚染し，しかも漬物を食べる食習慣があったため，寄生虫の感染は蔓延していました。他方，駆虫薬としては，海人草（カイニン酸を含み，回虫に効果がある）などの生薬が利用されていたものの，卓効のある薬剤はなく，しかも再感染が繰り返される状況なので，寄生虫の感染は高い頻度でみられました。厚生省（当時）の資料では，昭和初期に糞便検査を受けた人の 60％以上に回虫が，20％以上に鉤虫が寄生していました。しかし公衆衛生的施策等によって，次第に寄生率は下がり，第二次世界大戦前には回虫，鉤虫の寄生率はそれぞれ約35％，10％ほどになりました。ところが戦中戦後の混乱期には衛生環境が悪化し，寄生率は昭和初期の状態に逆戻りしました（**図2-1**）。沖縄の八重山地方では，戦時中に西表島など熱帯熱マラリアが存在した地域に疎開した人々がマラリアにかかり，多くの犠牲者が出ました。また日本本土でも海外から復員した兵士等によりマラリアが持ち込まれ，散発的な流行が全国各地でみられました。

戦後全国的な寄生虫感染が調査され，その多さから文部省（当時）は1953年に医動物学（寄生虫学）を医学部医学科の必修科目とし，全国の

図 2-1　日本における糞便検査による寄生虫検出率の年次別推移

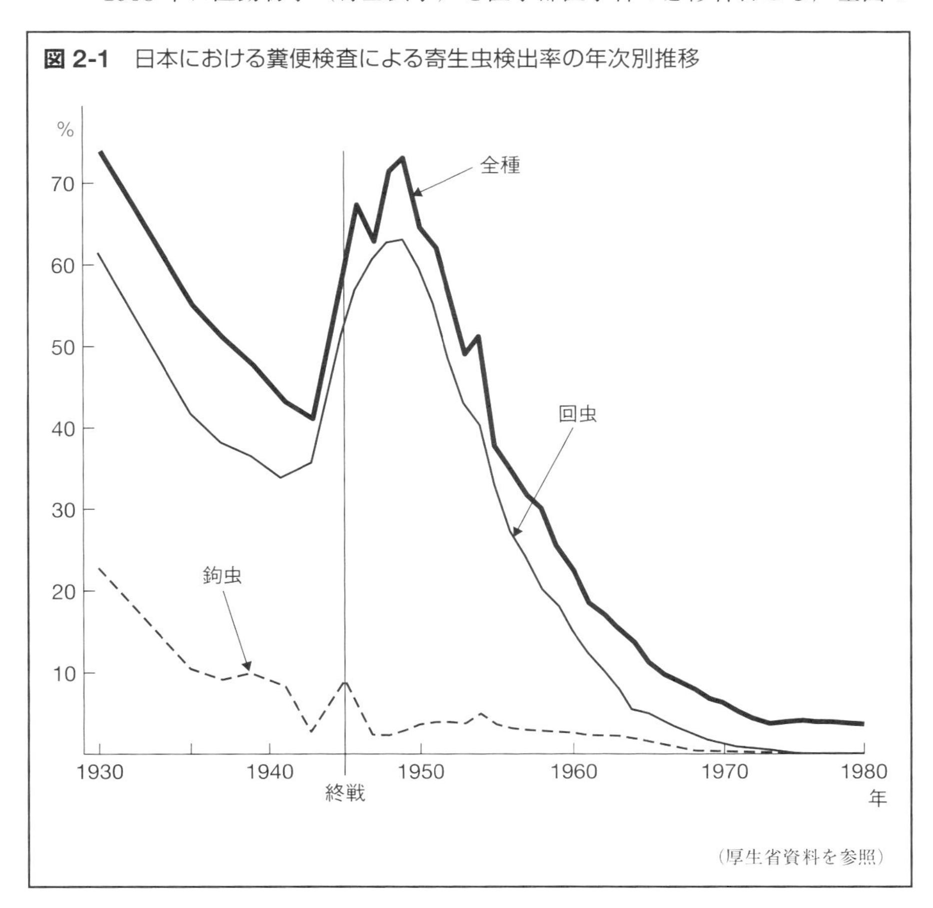

（厚生省資料を参照）

医学部・医科大学に寄生虫学教室や医動物学教室を設置し，寄生虫症の研究を推進しました。また厚生省（当時）は国立予防衛生研究所（現感染症研究所）に寄生虫部を設置し，日本寄生虫予防会が設立され，各県で組織が形成されたりして，官民あげてさまざまな寄生虫対策が行われました。

シラミやノミも不潔な集団生活を強いられた戦中・戦後には著しく蔓延していました。シラミやノミに対しては，戦後米軍が持ち込んだ殺虫剤DDTの粉剤を直接人体に噴霧するという方法がとられ，小学校では1950年代中頃まで，頭髪にDDTを噴霧するシラミ駆除が行われました。また家の大掃除に際してはDDTなど残留性が高い殺虫剤を畳の下に散布することが奨励され，これらの有害昆虫は激減しました。

マラリアはとくに沖縄の宮古・八重山地方に蔓延していましたが，DDTを人家壁面に散布する残留噴霧という方式で根絶に至りました。これはマラリア患者を吸血したハマダラカが，吸血後に必ず壁面に止まって休息するという生態を利用したもので，壁面に止まった蚊を殺せば，伝播を阻止できるという原理に基づいています。沖縄，九州，四国などではバンクロフト糸状虫（バンクロフトシジョウチュウ）も蔓延していましたが，これに対しては，夜間に集落全員を集めて採血し，血液に幼虫（ミクロフィラリア）が証明された場合は駆虫薬ジエチルカルバマジンを投与するという方法で，根絶に成功しました。いずれも1960年代から1970年代のことで，当時マラリアとフィラリア症を地域から根絶することに成功したことは世界的にみても偉業と評価されました。

日本住血吸虫症は山梨，広島，福岡など数カ所に流行地がありましたが，中間宿主のミヤイリガイを殺す薬剤の散布や，水路のコンクリート化などでその生息環境をなくす方式がとられて，次第に流行地が消滅していきました。しかしヒト以外にウシなどの家畜やネズミなどの野生哺乳動物が終宿主になれるため，完全な駆除は困難で，筑後川流域では2000年にようやく終息宣言が出されるに至りました。肝吸虫（カンキュウチュウ）は自然環境が変わって第1中間宿主のマメタニシが激減し，また食習慣の変化で第2中間宿主の淡水産小魚を食用とすることが少なくなったため，ほとんどみられなくなりました。

腸管寄生虫，とくに土壌伝播性線虫類（回虫，鉤虫，鞭虫など）に対しては，学校保健法（1958年制定）に基づく学童の集団検便検査と集団駆虫が行われ，成人に対しても各地の寄生虫予防会等による同様の活動が行われました。土壌伝播性線虫類の寄生率は急激に減少していき，1980年代にはほとんどみられなくなりました（**図2-1**）。このような急激な減少は寄生虫対策のみによってなされたものではありません。腸管寄生原虫類などに対してはとくに集団検査・治療などは行われていませんが，やはり急速に減少しています。また鞭虫に対して十分に有効な駆虫薬は1980年代後半になってようやく認可されましたが，そのときにはすでに鞭虫に感染している人はほとんどみられなくなっていました。これら寄生虫の減少には戦後の経済復興による生活環境の改善，糞便肥料から化学肥料への転換，屎尿の適切処理などによって，寄生虫の生活環が断たれたことによるところが大きく影響しています。しかし人糞を用いた有機農業はまだ一部で行われており，感染者が出ることがあります。

では現在の日本で寄生虫感染症はどの程度の頻度で発生するのでしょうか。厚生労働省は感染症発生動向調査を行っていますが，そのうち4類と5類に入る寄生虫症が報告を義務づけられています。その最近の10年分について，**表2-2**にまとめました。これらの感染症の患者数はほぼ横ばいで

表2-2 厚生労働省に報告された4類および5類感染症に入る寄生虫症の患者数（2005年から2014年の10年間）

寄生虫症名	起因虫の分類群	報告患者数 最小－最大（平均）[人／年]	感染症分類
アメーバ症	原虫類	698 － 1134 (867.9)	5類
ランブル鞭毛虫症	原虫類	53 － 86 (73.2)	5類
クリプトスポリジウム症	原虫類	6 － 98 (21.6)	5類
マラリア	原虫類	40 － 77 (59.1)	4類
内訳　三日熱マラリア		7 － 29 (19.1)	
四日熱マラリア		0 － 3 (1.3)	
卵形マラリア		1 － 5 (2.6)	
熱帯熱マラリア		23 － 44 (36.1)	
種不明		0 － 7 (3.0)	
エキノコックス症	条虫類	17 － 28 (21.7)	4類
内訳　単包虫症		0 － 3 (1.4)	
多包虫症		15 － 28 (20.3)	

（厚生労働省感染症発生動向を参照）

推移していますが，アメーバ症だけは次第に増加しています。この表にあるのは報告を求められているものだけで，ほかの多くの寄生虫感染症はこの統計に表れてきません。たとえば蟯虫は小学生低学年では1%弱検出されますから，総数としてはかなり多いことになります。また食習慣と関係した寄生虫は根絶が難しく，海産魚の生食で感染するアニサキスは今では医療関係者がもっともよく遭遇する寄生虫で，年間2000例以上の感染者が出ると推定されています。サケ・マスの生食で感染する日本海裂頭条虫（ニホンカイレットウジョウチュウ）の感染は2007年頃からむしろ増加しているといわれています。淡水産カニ類の不完全調理食で感染する肺吸虫の症例もなくなりません。

3 現代の世界における人体寄生虫

先進国では寄生虫症はまれになっていますが，途上国ではまだまだ多くの感染者がいます。途上国での寄生虫症対策を困難にしているのは，貧困です。寄生虫は貧しい地域，貧しい人々に感染者が多く，支配層・富裕層からは無視されがちです。「無視された人々の無視された病気」といわれる所以です。寄生虫の多くは糞便に卵や嚢子が出て，次の宿主への感染に結びつきます。そのため便所をつくり適切に使うことは寄生虫症を減少させる効果がありますが，多くの途上国では便所のない地域もあります。世界保健機関（WHO）の報告（2008年）によると，世界人口の12億人が野外で用を足しており，とくに南アジア，サハラ以南のアフリカで便所の利用が進んでいないとしています。寄生虫はじめ多くの感染症はそのような地域に多い傾向があります。地球人口は増加の一途をたどっており，しかも増加が著しいのは途上国です。そうなると寄生虫感染にさらされている人も増加しているはずです。

世界でどのくらいの寄生虫感染者がいるのでしょうか。Crompton（1999年）の論文では回虫14.7億人，鉤虫13億人，鞭虫11億人，糸状虫（オンコセルカとほかのフィラリア）1.2億人，住血吸虫2億人，マラリア原虫3億人，赤痢アメーバ5億人以上，ランブル鞭毛虫2億人等と推定されています（**表2-3**）。これらの対策を個々の地域や国が行うことは限界があ

表 2-3 世界における人体寄生虫症の推定罹患者数

寄生虫症名	起因虫の分類群	罹患者数（百万人）	主な分布地域
鉤虫症	線虫類	1298	全世界
回虫症	線虫類	1472	全世界
鞭虫症	線虫類	1050	全世界
糞線虫症	線虫類	70	全世界（特に熱帯・亜熱帯）
オンコセルカ症	線虫類	18	中南米，サハラ以南のアフリカ
フィラリア症	線虫類	100	アジア，南西太平洋島嶼
住血吸虫症	吸虫類	200	アジア，アフリカ
肺吸虫症	吸虫類	21	アジア，南アフリカ
アメーバ症	原虫類	>500	全世界
マラリア	原虫類	300	アジア，中南米，サハラ以南のアフリカ
リーシュマニア症	原虫類	80	アジア，中南米，サハラ以南のアフリカ
シャーガス病	原虫類	18	中南米
アフリカ睡眠病	原虫類	20	サハラ以南のアフリカ
ランブル鞭毛虫症	原虫類	200	全世界

（Crompton（1999）の推定に基づく Bush et al.（2001）を参照）

り，国際的な協力が必要です。WHO を中心として 1975 年から熱帯病研究特別計画（TDR）が開始され，現在まで続いていますが，その対象疾患 13 のうち寄生虫症にはトリパノソーマ症，リーシュマニア症，マラリア，フィラリア症，住血吸虫症，蠕虫症（回虫，鉤虫，鞭虫などによる疾病）が含まれています。日本は寄生虫対策で著しい成功を収めましたが，その経験を途上国で生かそうと，さまざまな取り組みをしています。橋本龍太郎首相（当時）がバーミンガムサミット（1998 年）で提唱した寄生虫対策の推進，いわゆる橋本イニシアチブはその代表的なものです。これに則ってアジア諸国では，学童への集団駆虫が繰り返し行われた結果，腸管寄生線虫類の寄生率が著しく低下したといわれています。しかし，もし対策が途中で打ち切られれば，再び以前と同じ状態になる危険性もあります。これからの対策には古典的な手法に加えて，先端医学の成果を取り入れた，新しい方法が求められています。対策の効果についても，統計的な検証が必要です。新規に開発された分子標的薬やマラリアワクチンなど，画期的な対策も功を奏しつつあり，これらの活動によって途上国の寄生虫事情も改善することが期待されます。

寄生虫の対策には，生活環を回らなくすることが肝要です。腸管寄生虫症の場合は，糞便の処理が重要な課題となります。日本をはじめ先進国で腸管寄生虫症が減少したのは，糞便処理が適切に行われたことが大きな要因です。しかし屎尿は農作物の肥料としての価値が見直されています。環境省は2008年の環境白書で，江戸時代は都市部で屎尿が肥だめに溜められ，農村へ運ばれて肥料として利用され，育った野菜が都市部で消費されるという循環型社会を形成していた，として，この方式を途上国に広めようと主張しています。白書では回虫の卵は肥だめに溜められているうちに屎尿が腐熟する熱で死滅するとしていますが，肥だめの中心部はそうであっても，周辺や表面にある卵は死にません。さらに寄生虫卵の中には年余にわたって生き続けるものがあります。江戸時代の日本の都市は清潔であったという前提に立って白書は書かれているようですが，江戸時代の人々にどの程度腸管寄生虫がいたのかはわかっていません。江戸時代に引き続き屎尿が肥料として利用されていた1960年代まで，寄生虫はごくふつうに人々に寄生していたことから考えても，江戸時代に寄生虫が少なかったとは考えられません。屎尿を有効利用しようとする考えは海外にもあります。中国では地下に大きいタンクをつくり，そこに人畜の屎尿を溜めて腐熟させ，肥料として利用するとともに，発生するバイオガスを燃料として利用するという試みが行われています。いずれにしても，屎尿を利用する際には，寄生虫感染の可能性を十分に考慮して対策を講じる必要があります。

4 よみがえる寄生虫たち

寄生虫対策が進めば，環境が衛生的になれば，ヒトから寄生虫を完全に排除できるのでしょうか？　多分それは困難でしょう。最近問題になっているのは新興・再興寄生虫症です。新興寄生虫症とはこれまで未知の，あるいはヒト以外の動物に限定されていた寄生虫によって起こされる疾病で，とくに症例が続発する場合に該当します。日本ではたとえばクリプトスポリジウム症，クドアによる下痢，サルコシスチス症，アジア無鉤条虫による条虫症などがそれに該当します。再興寄生虫症とはすでにいなくなった，または下火になったと思われていた寄生虫による感染が増加する場合に使われる言葉です。たとえばトキソプラズマ症，ランブル鞭毛虫症やアメーバ赤痢などはその例です。

新興・再興寄生虫症が出現する要因が人間側にあることもしばしばあります。今ではふつうになっているアニサキス症も1960年代から急に増加した新顔の疾病だったのです。これは高度経済成長を背景に当時冷蔵庫が一般家庭にも普及しだし，また鮮魚を輸送する手段が確立して，それによって刺身や酢でしめた魚を食べる習慣が急速に一般化したためと思われます。1970年代から1980年代のバブル期にかけてさまざまな動物が生食され，ドジョウの踊り食いによる剛棘顎口虫（ゴウキョクガッコウチュウ）症や棘口吸虫（キョクコウキュウチュウ）症，熊肉の生食による旋毛虫症，サワガニ生食による宮崎肺吸虫（ミヤザキハイキュウチュウ）症などの発生が相次ぎました。日本では生食志向が強まっているため，本来は生食しなかったものが珍味として提供される傾向があり，新興・再興寄生虫症の原因になっています。また化学肥料は危険だとして有機肥料を使う場合も，その使用次第では昔の寄生虫が再流行することになりかねません。

ペットを飼うことが一般化し，家族同様にしている場合も少なくありません。旅行や転居にペットを連れていくこともふつうになっています。これらのペットに寄生虫がついて分布を拡大することが懸念されています。北海道に限局されていた多包条虫（タホウジョウチュウ）が最近本州中部でもみつかっています。これは犬にはほとんど病害がありませんが，ヒトでは重篤な多包虫症を起こします。またエキゾチックペットの飼育が流行していますが，これらによってこれまで国内に存在しなかった寄生虫が持ち込まれる可能性もあります。たとえばアライグマはペットとして輸入されたものが捨てられ，全国的に野生化していますが，もしアライグマ回虫（アライグマカイチュウ）が広がれば，人体に深刻な幼虫移行症を起こす可能性があります。

一方，環境要因，たとえば地球温暖化がもたらす影響も無視できません。結膜囊に寄生する東洋眼虫（トウヨウガンチュウ）はかつて西日本に限局的にみられましたが，現在は関東地方からも人に寄生した症例が報告されるようになっています。これは媒介者であるハエの仲間メマトイが温暖化で分布を北へ広げたためとされています。今後さらに温暖化が進めば，さまざまな熱帯地域の媒介昆虫も分布を拡大するようになり，マラリアやフィラリア症が再び土着化する危険性もあります。

column

寄生虫診断のこれから

人体から寄生虫が検出されたとき，まずその種類を決定（同定）することが必要です。それによって診断がつき，治療方針が決まります。伝統的に同定は寄生虫の形態に基づいて行われてきました。医療現場で同定のつかないものは大学の寄生虫学教室などへ持ち込まれます。寄生虫学教室では寄生虫分類学の専門家がいて，それを同定する・・・ところなのですが，現状は必ずしもそうなっていません。「医学部の寄生虫学教室からは寄生虫分類学が消えていく」と馬渡峻輔氏が嘆いたのは 1994 年（「動物分類学の論理」東京大学出版会）ですが，それから 20 年余を経て，ほとんど絶滅状態になったといってもいいでしょう。それはなぜでしょうか？　原因はいろいろあります。

大学の教員は昔と違い，毎年のように評価を受けます。任期制の教員なら一定年限ごとの評価が低ければ職を失いかねません。研究業績は評価項目の大きい部分で，そこでは客観的な評価基準が求められます。理系領域で一応客観的とみなされているのがインパクトファクター（IF）です。昨今教員の採用や昇任には IF の積算値が大きな基準になります。IF は雑誌ごとに掲載論文の引用回数を元に算出され，毎年発表されます。教員は IF を稼がねばなりません。そのためには研究者が多く，論文が引用される機会の多い先端領域の研究を行い，IF の高い一流学術雑誌に論文を出さねばなりません。分類学では 100 年以上も前の論文が引用されたりする反面，新しい論文はなかなか引用されないので，関係雑誌は IF が低かったり，そもそも IF がついていないものもあります。分類学をやっていては研究者の将来が危うくなりかねません。

ではもう診断はできないのでしょうか？　そうではありません。形態学的診断に代わって診断の主流になっているのが免疫学的診断や DNA 診断です。さまざまな寄生虫症に対して，感度の良い免疫学的診断法が開発されていますし，変性崩壊して形態的に同定できないような材料でも DNA 塩基配列を解析して同定できることが多々あります。寄生虫症が疑われる患者が現れたら，まず血液を採取して免疫診断を行い，虫体が得られたらすぐに磨り潰し，DNA を抽出して塩基配列を読み，データベースと比較して同定する時代になりつつあります。

もし完全にそのようになったら，たぶん寄生虫はすべて汚らしいものとして認識され，寄生虫の形の精妙さに驚くことはなくなるでしょう。それを何かもったいないと思うのは，寄生虫分類学を続けてきた者の戯言かもしれません。

第3章 代表的な寄生虫の生態と生活環

1 原虫類（原生動物） Protozoa

1.1 肉質鞭毛虫門 Sarcomastigophora

アメーバは仮足を出して移動する，いわゆるアメーバ運動をする仲間です。ミドリムシのように鞭毛をもつ仲間は，以前はアメーバ類とは別の鞭毛虫類とされていましたが，現在では一緒にして肉質鞭毛虫門に含められます。アメーバは淡水で自由生活をしている種がよく知られています。しかし一部の種は寄生生活に特化しています。鞭毛をもつ原虫にはトリパノソーマ，リーシュマニアなど血液や組織に寄生するものや，ランブル鞭毛虫，メニール鞭毛虫のように腸に寄生するもの，腟トリコモナス（チツトリコモナス）のように泌尿生殖系に寄生するものなどがあります。鞭毛は1～数本のものがふつうですが，両生類の腸にみられるオパリナ *Opalina* spp. は多数の鞭毛と多くの核があり，活発に運動します。

(1) 赤痢アメーバ（セキリアメーバ）*Entamoeba histolytica*：ヒトに寄生するアメーバの代表で，組織を溶かして赤血球を食べるため，腸に潰瘍を形成してアメーバ性赤痢を起こし，さらに肝臓や脳などにも侵入して膿瘍をつくり，致死的になることがあります。熱帯・亜熱帯地域ではふつうの寄生原虫です。日本国内でも年間数百例が報告されています。国内では性感染症との混合感染が多く，男性同性愛者にしばしばみられます。赤痢アメーバはヒト以外にもさまざまな哺乳類に感染します。赤痢アメーバに感染していると，便に被覆をもった嚢子が排泄されます。この嚢子が飲食物に混入して経口的に摂取されると，腸内で嚢から出て 8 個の脱嚢後栄養型となり，腸内の細菌や，腸壁の赤血球を摂取して増えていきます（**図 3-1**）。赤痢アメーバに似てヒトに寄生するものの病原性のない大腸アメーバ（ダイチョウアメーバ）*E. coli*，小形アメーバ（コガタアメーバ）*Endolimax nana* などもあります。

一方，淡水や土壌に自由生活するアメーバであるネグレリア *Naegleria fowleri* が，偶発的に人体に寄生して中枢神経系に侵入し，致死的な髄膜脳炎を起こすことがあり，症例が国内でも発生しています。またコンタクトレンズ保存液に混入繁殖し，コンタクトレンズ装着者の角膜に寄生して炎症をおこすアカントアメーバ *Acanthamoeba* spp. も本来は自由生活性です。

(2) トリパノソーマ属 *Trypanosoma*：紡錘形で，1 本の鞭毛と波動膜で運動します。アフリカでツェツェバエ（吸血性ハエ）によって媒介され致

図 3-1 赤痢アメーバの生活環

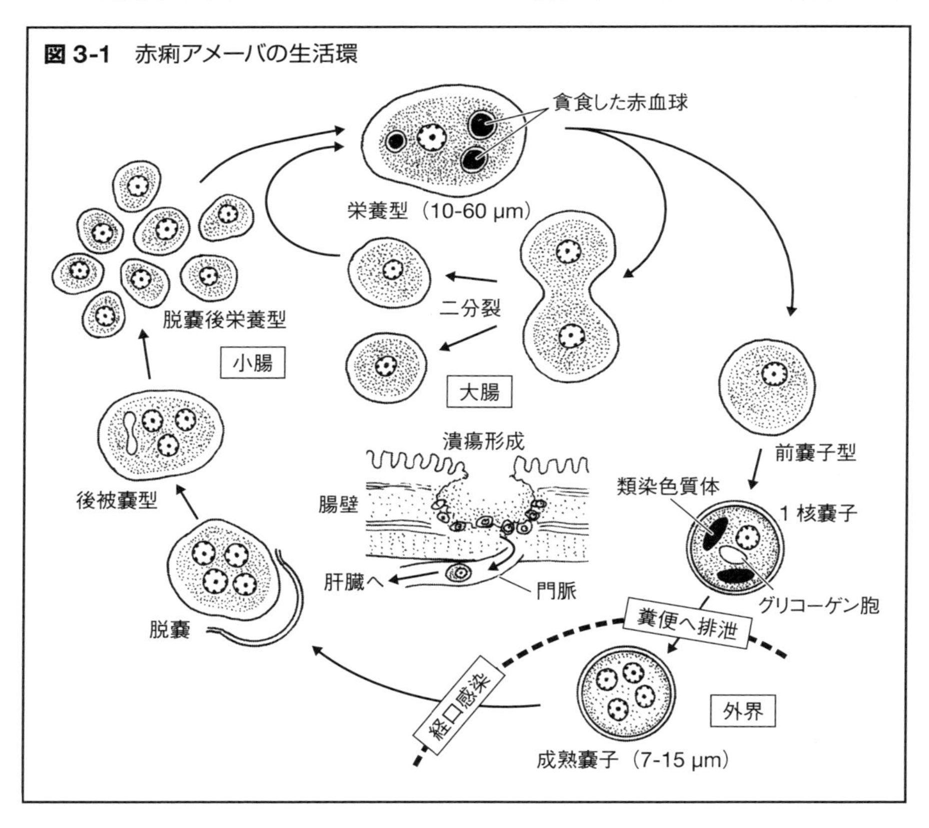

死的な睡眠病を起こすローデシアトリパノソーマ *Trypanosoma rhodesiense* や，中南米でサシガメ（吸血性カメムシ）によって媒介され，致命的なシャーガス病をおこすクルーズトリパノソーマ *T. cruzi* が有名です。クルーズトリパノソーマはヒトだけでなく，イヌ，ネコ，アルマジロなどさまざまな哺乳類に寄生します。サシガメの腸内で分裂増殖した原虫は感染型（発育終末トリパノソーマ型）になって，サシガメの糞便に排泄されます。サシガメは夜間吸血時に排便することが多く，就眠中のヒトが吸血の痒みで無意識に皮膚を掻くと，掻き傷からトリパノソーマが侵入し

図 3-2　クルーズトリパノソーマの生活環

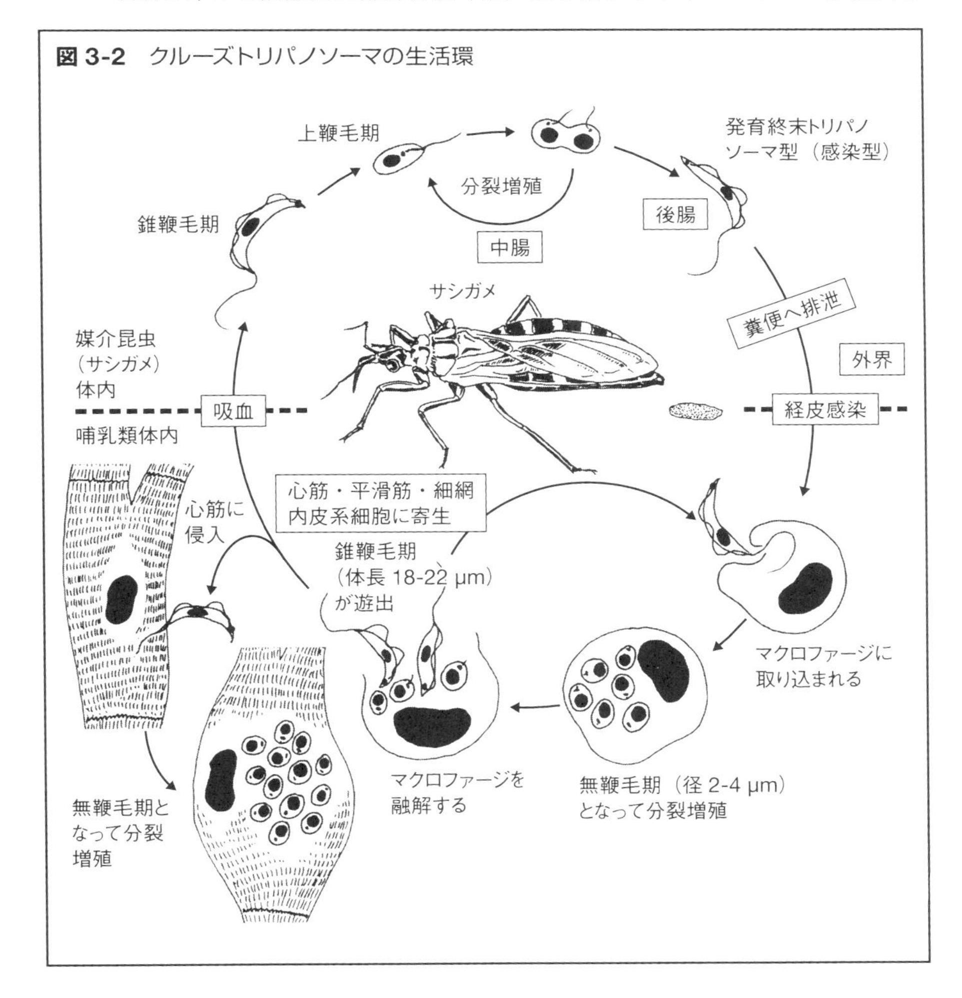

ます。血液内では鞭毛で運動しますが，宿主細胞内では鞭毛を細胞内に収めた丸い形（無鞭毛期）となって増殖します（**図 3-2**）。慢性感染では心臓や大腸が肥大して機能不全に至ります。睡眠病を起こすトリパノソーマでは発育終末トリパノソーマ型はツェツェバエの唾液によって注入され，血液，リンパ液，脳脊髄液中で錐鞭毛期（鞭毛と波動膜をもつ型）で増殖します。これらの人体に危険な種は，まれに輸入症例はあるものの，現在の

図 3-3　ランブル鞭毛虫の生活環

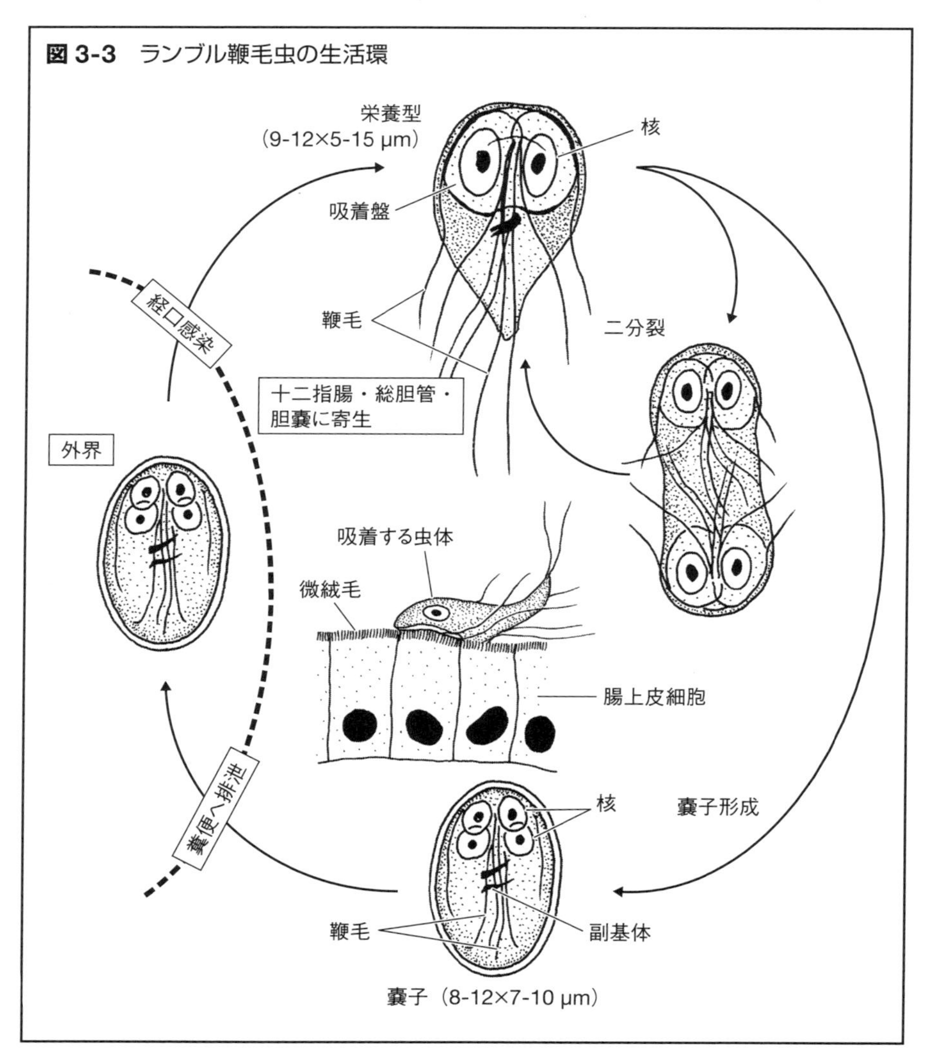

日本には分布しません。しかし日本にも分布しノミが媒介者となるネズミのルイストリパノソーマ *T. lewisi* は人への感染性があるとされます。このほか，野生動物の鳥類，爬虫類や両生類には多様なトリパノソーマが寄生しています。これらが宿主にどのような影響を与えているのかはっきりしませんが，イモリやカエルでは血液内に多くのトリパノソーマがいても，外見からは明らかな症状は観察されません。

(3) リーシュマニア属 *Leishmania*：鞭毛を細胞内に収めた形をして脊椎動物宿主の細胞内で繁殖し，細胞を破壊します。サシチョウバエ（スナバエ）が媒介者で，インド，アジア，アフリカではカラ・アザール（黒熱病）などの内臓リーシュマニア症を起こすドノバン・リーシュマニア *Leishmania donovani*，皮膚に腫瘤を形成する熱帯リーシュマニア（ネッタイリーシュマニア）*L. tropica*，中南米では粘膜や皮膚に潰瘍を形成し，ときに顔面に大きい欠損部をつくるブラジルリーシュマニア *L. braziliensis* などがあります。いずれもイヌ，ネコやさまざまな野生哺乳類が保虫宿主となります。人体に寄生するリーシュマニアは日本には分布しません。

(4) ランブル鞭毛虫 *Giardia intestinalis*：ヒトの腸に寄生し，2核と4対の鞭毛をもち，栄養型は人面様をしています（**図 3-3**）。二分裂で増殖し，一部は嚢子となります。吸盤状の構造で腸粘膜に貼りつき，刺激するために炎症を起因し，下痢をおこします。同じく腸に寄生するメニール鞭毛虫 *Chilomastix mesnili* は非病原性です。いずれも嚢子で感染します。

(5) 膣トリコモナス *Trichomonas vaginalis*：膣や尿道にみられ，栄養型（**図 1-16**）は二分裂により増殖します。嚢子は形成されません。性病的に感染します。

1.2 アピコンプレックス門 Apicomplexa

アピコンプレックス類の原虫はすべて寄生性です。アピコンプレックスとは原虫細胞の端部にある複雑な構造で，宿主の細胞に侵入するときに，これを使います。人畜の重要な寄生虫を含みます。

(1) マラリア原虫 *Plasmodium*：熱病のマラリアを起こす寄生虫で，蚊の仲間であるハマダラカによって媒介されます（**図 3-4**）。ハマダラカの吸血時に注入される唾液とともにスポロゾイトが脊椎動物宿主の体内に入り，血流に乗って肝臓に至り，肝細胞に侵入します。肝細胞内で発育し，多数

図 3-4 マラリア原虫の生活環

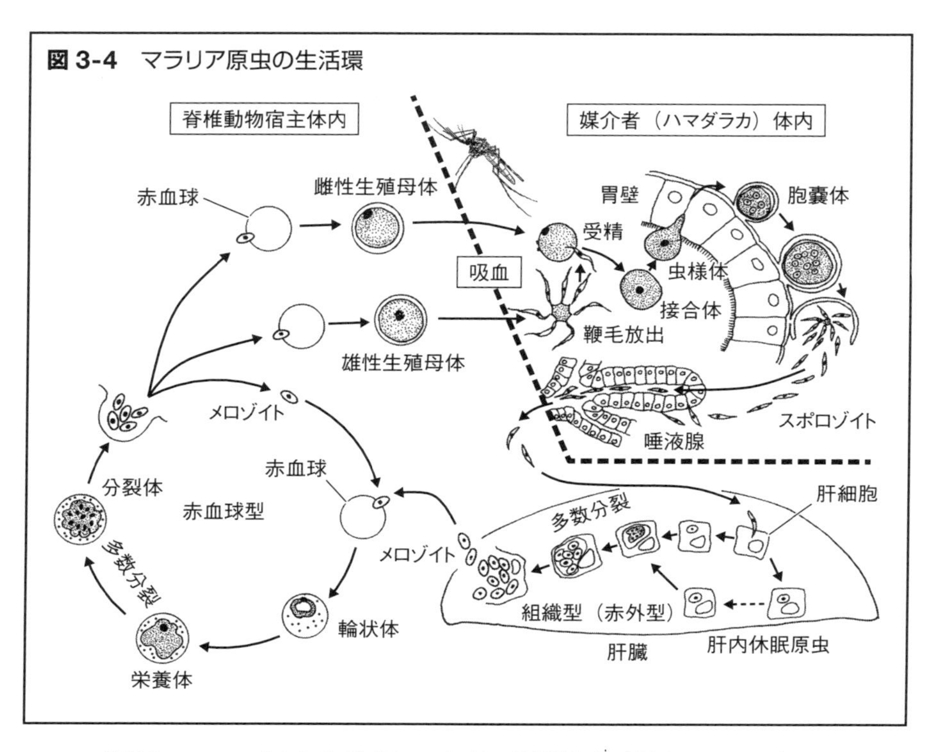

分裂してメロゾイトを形成し，やがて肝細胞を破壊してメロゾイトが血中に入り，赤血球に侵入します。このときマラリア原虫の種によっては一部が肝細胞内で休眠原虫として残り，一定期間後に発育を始め，メロゾイトを形成します。赤血球に入ったメロゾイトは発育し，輪状体（環状体），栄養体を経て，多数分裂によりメロゾイトを形成し，赤血球を破壊して血流に出ますが，このとき放出される物質の影響で悪寒戦慄を伴う熱発作が起きます。メロゾイトはただちに次の赤血球に侵入します。メロゾイトの侵入から次のメロゾイトの放出までの時間はマラリア原虫の種によって 48 時間あるいは 72 時間で，そのため熱発作も同じ間隔で起きます。赤血球から放出されたメロゾイトの一部は次の赤血球内で雌雄の生殖母体となり，ハマダラカに吸血されると，その胃内で雌雄の生殖体となり，有性生殖を行います。受精でできた接合体は胃壁を通って外側に胞嚢体をつくります。胞嚢体で多数のスポロゾイトが形成され，胞嚢壁を破って唾液腺へ移行し，吸血時に次の宿主に注入されます。ヒトには熱帯熱マラリア原虫（ネッタ

イネツマラリアゲンチュウ）*Plasmodium falciparum*，三日熱マラリア原虫（ミッカネツマラリアゲンチュウ）*P. vivax*，四日熱マラリア原虫（ヨッカネツマラリアゲンチュウ）*P. malariae*，卵形マラリア原虫（ランケイマラリアゲンチュウ）*P. ovale* の4種がおもに寄生します。全世界で2億人が感染しており，死者は年間50万人に及ぶとされています。マラリアは古来から日本にも存在していましたが，現在は根絶されており，年間60例ほどの輸入例がある程度です。

(2) トキソプラズマ *Toxoplasma gondii*：ネコ科の動物の腸で有性生殖する寄生虫ですが，ほとんどの哺乳類・鳥類に感染し，その組織内で無性的に増殖します。ネコ科動物の糞便に排泄された胞囊体（オーシスト）は湿潤な環境下でスポロシスト，ついでスポロゾイトを形成します。スポロゾイトを含む胞囊体がネコ科動物に飲食物とともに摂取されると，小腸でスポロゾイトが腸上皮細胞に侵入し，多数分裂でメロゾイトを形成し，細胞を破壊して腸腔にメロゾイトが放出されます。メロゾイトは次の上皮細胞細胞へ侵入しますが，その一部は雌雄の生殖体を形成し，有性生殖を行って胞囊体を形成します。ネコ科動物以外に胞囊体が摂取された場合は，スポロゾイトが腸管外に出てマクロファージなどに取り込まれ，栄養型となって特殊な二分裂で増殖し，細胞を破壊して次の細胞に入ることを繰り返し，やがて虫の塊を作り，被膜をかぶって数千個の虫体（ブラディゾイト）を含む囊子となります。囊子を摂取すると体内で囊子から遊離した栄養型が細胞内に入って増殖します。栄養型は胎盤を通って胎児にも感染します。とくに妊娠女性が初めて感染した場合は死産や早産，水頭症などを起こします。人が感染する経路は，トキソプラズマの囊子を含む肉，レバーなどの生食・不完全調理食，ネコの糞便に汚染されて成熟オーシストを含む飲食物の摂取です（**図 3-5**）。

(3) 肉胞子虫（ニクホウシチュウ，サルコシスチス）*Sarcocystis*：筋肉内に無性的に殖えた原虫の塊（囊子）が存在することから名づけられたものですが，この肉を食べた終宿主の腸で原虫は腸壁細胞に入り，有性生殖を行って，形成されるスポロシストが排泄されます。このスポロシストを摂取した中間宿主でスポロシストからスポロゾイトが脱出し，血流を経て筋肉に定着し，サルコシスト（肉胞囊）をつくります（**図 3-6**）。ヒトを含めさまざまな動物の筋肉にサルコシストが知られていますが，終宿主との

図 3-5　トキソプラズマの生活環

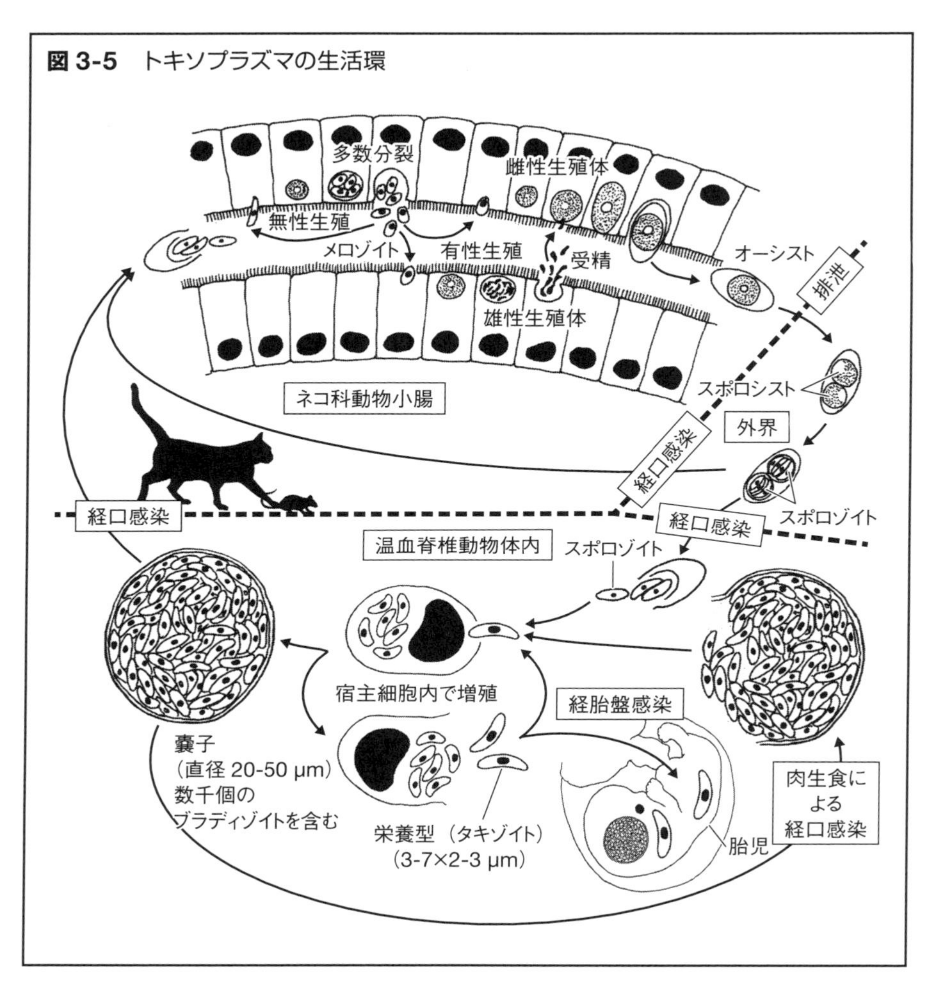

関係が不明のものも少なくありません。日本では馬の筋肉にあるフェイヤー肉胞子虫 *Sarcocystis fayeri* のサルコシストが馬刺の喫食によってヒトに摂取され，原虫に含まれる有毒タンパク質が下痢を起こすことが問題となりました。この種の終宿主はイヌと考えられています。

(4)　クリプトスポリジウム *Cryptosporidium*：きわめて微小な原虫で，栄養型はわずか 2-6 μm しかなく，腸上皮細胞の微絨毛内に寄生します。無性的に多数分裂してメロゾイトをつくり，微絨毛を破壊してメロゾイトが飛び出し，別の上皮細胞に侵入します。メロゾイトの一部は雌雄生殖体を

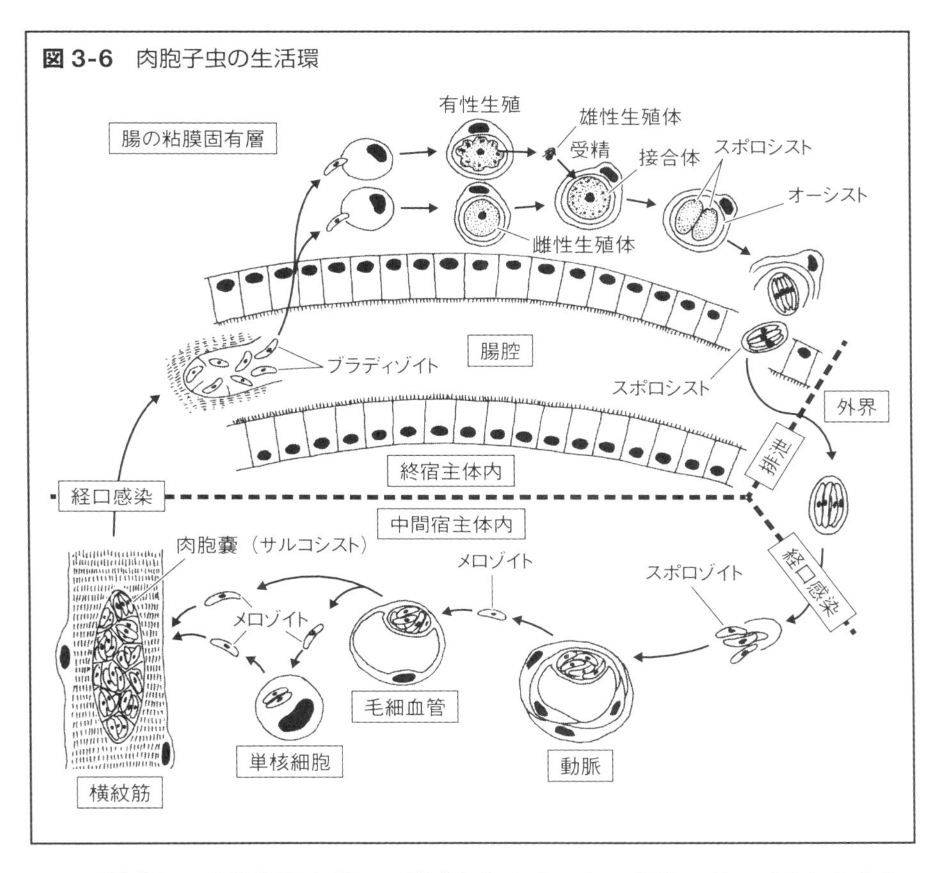

図 3-6　肉胞子虫の生活環

形成して有性生殖を行い，形成されたオーシストはスポロゾイトを含み，排泄されて次の宿主に経口感染します。オーシストは排泄される前に腸内でスポロゾイトを放出することがあり，スポロゾイトはただちに腸上皮細胞に侵入します（自家感染）。このため広範に上皮細胞が傷害され，ひどい下痢となります（**図 3-7**）。症状はやがて免疫が働いて 10 日ほどで収まりますが，免疫不全の患者では致死的になることがあります。おもにヒトから検出される *C. hominis*，人畜共通の *C. parvum*，*C. meleagridis* などがあります。ウシなど家畜に感染して，その糞便が飲料水を汚染すると大規模な集団感染が発生します。1993 年にアメリカ合衆国ミルウォーキーで起きた事例では，上水道の濁度計が故障したため，取水口より上流にある放牧地の牛の排泄物が混入したことがわからず，水道水の飲用で約 40 万人

図 3-7　クリプトスポリジウムの生活環

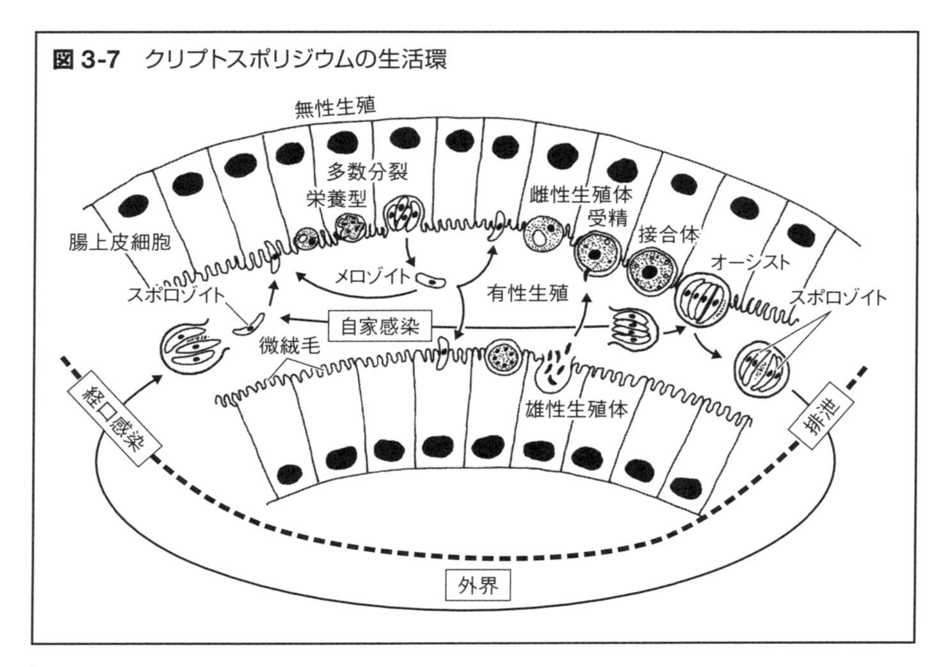

が下痢を起こしました。日本でも 8500 人を超える集団感染が起きた事例があります。オーシストは通常の水道水を消毒する程度の塩素では殺滅されません。莫大なオーシストが便に排泄されることと，塩素に対する抵抗力が強いため，プールで感染することもあるとされています。

1.3 アセトスポラ門 Ascetospora

おもに海産無脊椎動物に寄生して胞子を形成する原生動物で，はじめアピコンプレックス門に配されていましたが，アピコンプレックスを欠いているので，独立の門とされました。カキやカニに寄生して水産業に打撃を与えることがあります。生活環は十分には解明されておらず，系統関係もまだ議論があります。

1.4 微胞子虫門 Microspora

微胞子虫類は細胞内に寄生し，胞子を形成します。この胞子を経口摂取あるいは吸引することにより感染します。ノセーマ *Nosema*，ミクロスポーラ *Microspora*，エンセファリトゾーン *Encephalitozoon* など多数の種があり，かつてカイコやミツバチの病原体として知られていましたが，近年はヒトに頑固な下痢を起こし，とくにエイズなど免疫不全症に合併すると重篤な症状をもたらすことで注目されています。なお微胞子虫類は最近の分子生物学的研究によって原生動物でなく，菌類に近いという結果が出ています。

1.5 ミクソゾア門 Myxozoa

ミクソゾア類は最近まで魚類に寄生する粘液胞子虫類と貧毛類（イトミミズなど）に寄生する放線胞子虫に分けられていましたが，両者は同じ種の発育期の違いであることがわかりました。粘液胞子虫は主に魚の筋肉や中枢神経などに10 μm ほどの胞子として観察されます。胞子はらせんを巻く極糸を入れた極嚢をもちますが，その数は種によって異なります。放線胞子虫は一般に複数の突起を有し，イカリ状の形をしています。柄の端に極嚢があり，その下部に胞子原形質があります。魚類の鰓から放出された（あるいは魚体の腐敗によって遊出した）粘液胞子は水生環形動物に摂取されると，その腸管組織で増殖し，放線胞子虫を形成します。これが環形動物の糞便に混じって水中に放出されると，魚類の体表に突起を引っかけて付着し，胞子原形質が皮膚内に入り，複雑な増殖をして，最終的に粘液胞子を形成します。この生活史のうちどこで有性生殖が行われるのか未解明の種が多いため，魚も環形動物も「交互宿主」とよばれますが，環形動物が終宿主で魚は中間宿主とする説が有力です。約2000種が知られていますが，生活環がほぼ完全に解明されているのはミクソボルス・セレブラリス *Myxobolus cerebralis* ほか，まだ少数にとどまっています（**図3-8**）。最近では多毛類（ゴカイの仲間）の放線胞子虫が魚類に感染し，粘液胞子虫になる例も知られています。ブリの養殖場に発生するミクソボルス *M. acanthogobii* はブリの第4脳室に寄生すると脊柱が湾曲する粘液胞子虫性側湾症を起こし，またアマミクドア *Kudoa amamiensis* はブリの筋肉内に粒状の嚢胞をびっしり形成して魚の商品価値を失わせ，多大な経済的打撃をもたらします。また *Kudoa thyrsites* などの種類は魚の筋肉を融解させ，いわゆるジェリーミートにしてしまいます。さらに最近はヒラメに寄生するナナホシクドア *Kudoa septempunctata* が刺身を食べた人の腸に一過性に侵入して下痢を起こすことが問題になっています（**図3-8**）。なお，ミク

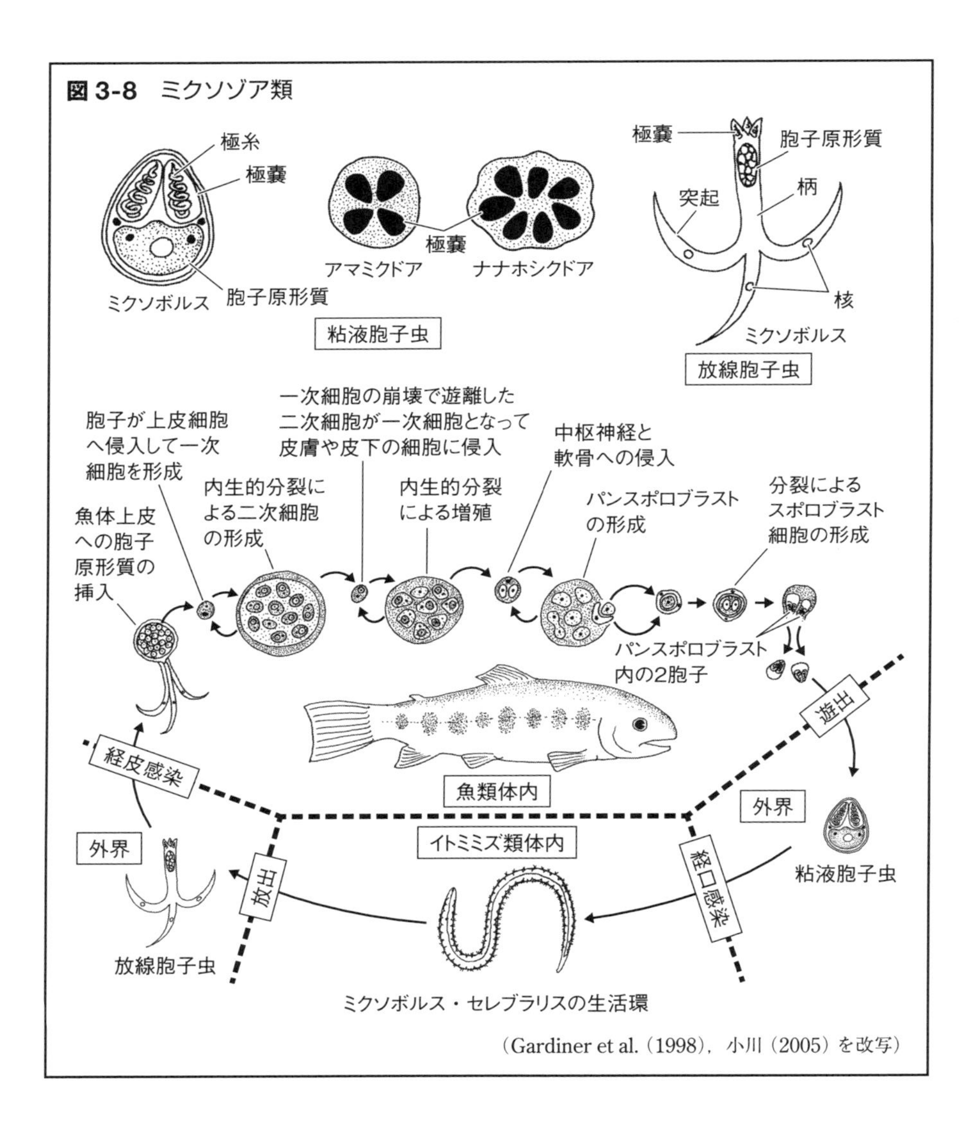

図 3-8　ミクソゾア類

(Gardiner et al. (1998)，小川 (2005) を改写)

ソゾア類は近年の研究によって多細胞生物であることがわかり，分子系統学的研究によって刺胞動物門に属すると考えられています。

1.6 繊毛虫門 Ciliophora

体表あるいは体の部分に繊毛あるいは繊毛由来の細胞小器官である繊毛

複合体を有し，大核（栄養核）と小核（生殖核）の二核をもつものが多く，細胞口や細胞肛門，収縮胞などの小器官が発達しており，もっとも高度に進化した原生動物とされます。多くはゾウリムシやラッパムシのような自由生活種ですが，寄生種や共生種も少なくありません（**図 1-1**）。大腸バランチジウム *Balantidium coli* は栄養型が 80 × 60 μm ほどと大型で（**図 1-4**），ブタやイノシシにはしばしば検出されます。囊子を形成し，その経口摂取で感染します。霊長類にも感染し，ヒトでは大腸潰瘍を起こしますが，現在の日本では感染者はほとんどみられません。

2 中生動物門 Mesozoa

中生動物という名称は，原生動物と後生動物の中間に位置すると考えられたことによります。すべて寄生性で，100 種あまりが知られています。体長 1 cm 以下と小型で，多細胞であるものの細胞数は少なく，組織や器官といえる構造はありません。繊毛によって運動します。二胚虫類と直泳類に分けられます。二胚虫類はイカやタコの腎嚢に普通にみられるもので，体表から宿主の尿成分を吸収して生活しており，宿主に対して非病害性と考えられています。幼生（胚）に蠕虫型と滴虫型の 2 型があることから二胚虫と名づけられました。直泳類はさまざまな無脊椎動物の組織や体腔に寄生し，病害を与えるとされています。

3 扁形動物門 Plathelminthes

3.1 単生綱 Monogenea

単生類は多くの場合卵生で，虫卵からオンコミラシジウム oncomiracidium とよばれる幼生が孵化します。オンコミラシジウムは多くの繊毛に覆われ，後部に多くの鉤を有し，それらが成虫の固着器の鉤になる種類もありますが，退化消失して新たに把握器ができる種類もあります。

(1)　ブリハダムシ *Benedenia seriolae* とブリエラムシ *Heteraxine heterocerca*：それぞれブリ類の体表と鰓に寄生する単生類で，前者は体表組織を食害し，また固着による刺激を与え，後者は吸血によって魚を貧血にするため，ブリ養殖場の困り者です（**図 3-9**）。これらの単生類の虫卵は一端にフィラメントがあり，ブリハダムシの場合はばらばらに産下された虫卵はフィラメントで海藻などに付着し，孵化したオンコミラシジウムは繊毛で遊泳してブリの体表に付着して３週間ほどで成熟します。ブリエラムシの虫卵は塊として産み出されますが，孵化したオンコミラシジウムは遊泳中にブリの呼吸水流とともに口から吸い込まれ，鰓に定着して成長すると考えられています。ハダムシやエラムシの仲間には魚種に特異的な多くの種がおり，宿主の魚類と密接に共進化してきたものが知られています。

(2)　ギロダクチルス *Gyrodactylus* も魚の体表等に寄生する単生類で，北

図 3-9　ブリハダムシ（左）とブリエラムシ（右）

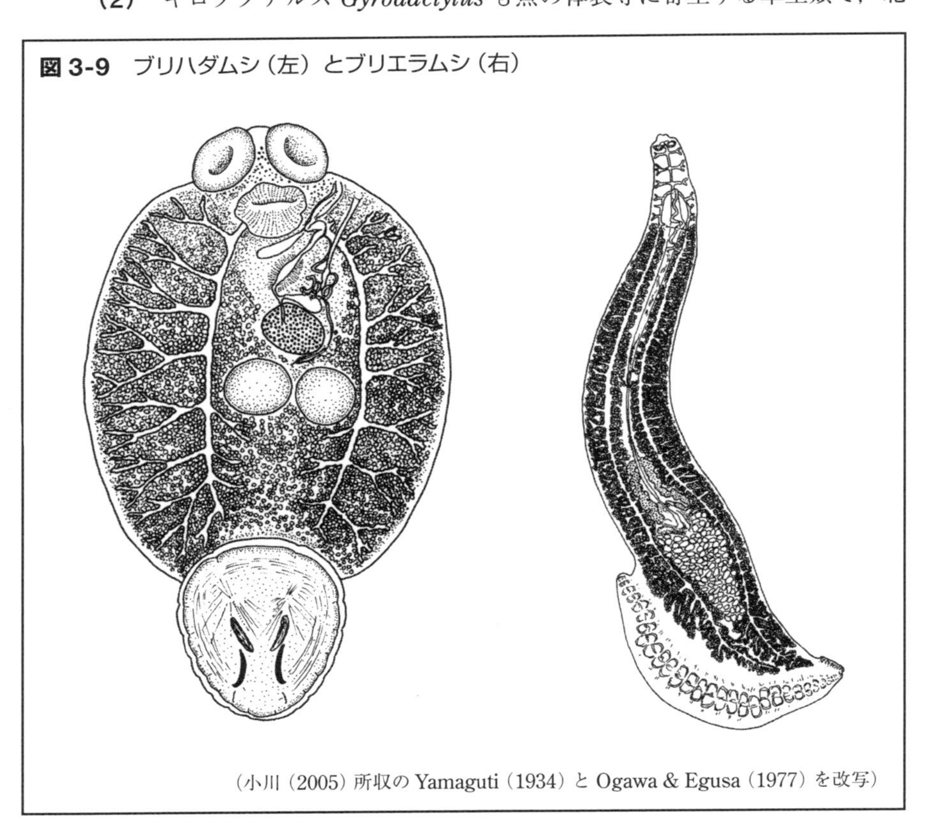

（小川（2005）所収の Yamaguti（1934）と Ogawa & Egusa（1977）を改写）

欧では *G. salaris* が一部河川のサケをほぼ全滅させたことが報告されています。ギロダクチルスは胎生で，しかも子宮にいる幼生の中に次世代の胚を含み，さらにその中に三世代目の胚細胞塊が含まれるという，入れ子状の特異な生殖様式（多胚生殖）が知られています（**図 1-5**）。

(3) フタゴムシ類 Diplozoidae：淡水魚の鰓に寄生する単生類で，2 個体がX字状にくっついています。虫卵は長いフィラメントをつけています。虫卵から孵化したオンコミラシジウムは水中を漂い，宿主にたどり着けなければ，数時間で死にます。宿主が水とともにオンコミラシジウムを吸い込むと，鰓に付着してディポルパとよばれる幼虫となり，鰓から血液を吸って生存しますが，単一個体のままでは成長しません。2 個体のディポルパが接触すると，腹吸盤で相互に相手の背側の突起を把握し，互いに癒着してしまいます。その後発達して互いに相手の精子を使って受精し，産卵します（**図 3-10**）。日本産のフタゴムシ *Eudiplozoon nipponicum* は宿主のコイやフナの生殖周期と連動した生殖をすることが知られています。

図 3-10　フタゴムシ類の生活環

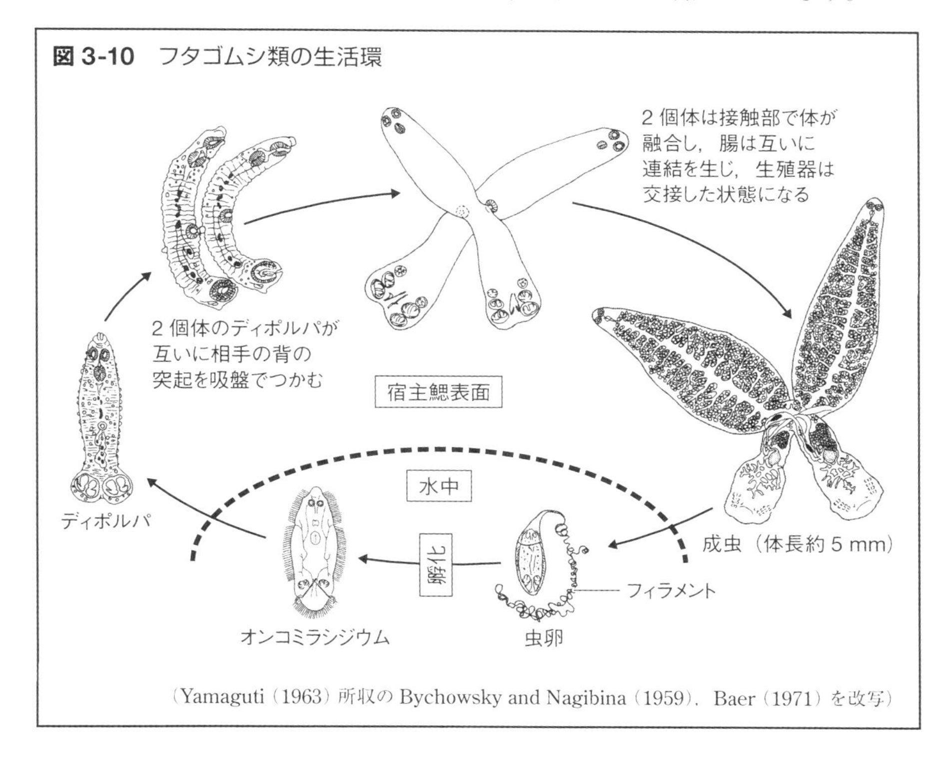

（Yamaguti（1963）所収の Bychowsky and Nagibina（1959），Baer（1971）を改写）

(4)　ポリストマ属 *Polystoma*：両生類の膀胱に寄生する単生類ですが，宿主の繁殖と密接に関連した発育をします。カエル寄生のポリストマ・インテゲリムム *P. integerrimum* の場合，宿主が繁殖のため水に入ると，この寄生虫は産卵します。この虫卵は，宿主のカエルの卵が発育して内鰓期のオタマジャクシになる時期に孵化し，オンコミラシジウムはオタマジャクシの鰓孔から侵入して内鰓に付着します。オタマジャクシがカエルへ変態するとき，幼虫はオタマジャクシの腹面を這って総排泄腔へ移動し，膀胱へ入って成虫となりますが，宿主のカエルが繁殖期に入るまでは性成熟しません。カエルの脳下垂体から生殖腺刺激ホルモンが分泌され，その影響で生殖腺から性ホルモンが分泌されると，それがポリストマの性成熟を促し，卵が形成されます（**図 3-11**）。まれに内鰓期より前のオタマジャクシ

図 3-11　ポリストマ・インテゲリムムの生活環

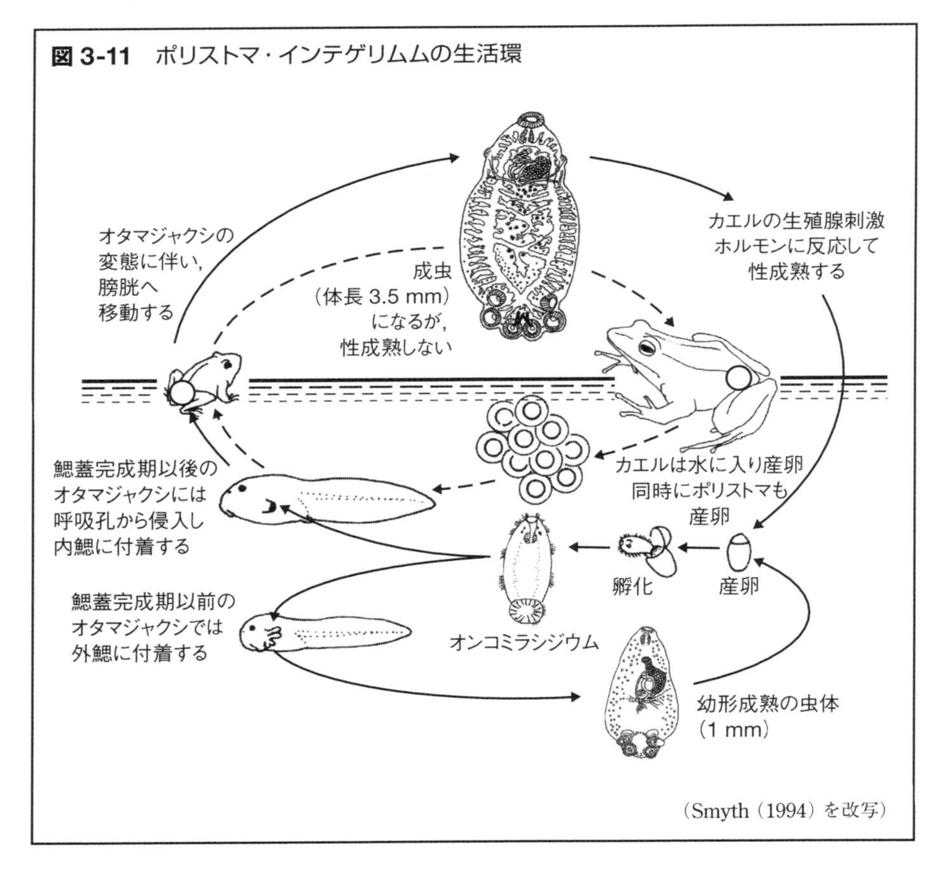

（Smyth（1994）を改写）

column

フタゴムシと目黒寄生虫館

（提供：公益財団法人 目黒寄生虫館）

（公財）目黒寄生虫館は寄生虫専門の博物館ですが，そのロゴマークはフタゴムシ（77 ページ）を象っています。これは創設者の亀谷 了（かめがいさとる）先生（1909 ～ 2002）がフタゴムシを研究されたことに由来しています。先生は内科・小児科医で，戦前の中国東北部（旧満州）や朝鮮での勤務後，1947 年帰国。当時蔓延していた寄生虫症の啓発を目的に，1953 年に私財を投じて目黒寄生虫館を設立されました。診療の傍ら寄生虫学の研究をされ，かつ目黒寄生虫館を世界的に有名な研究機関に育て上げられました。目黒寄生虫館は設立以来３度の改築を経て，現在は地上６階，地下１階の建物となっています。まだ３階建ての建物だったころ，先生は水槽を並べてフナを飼い，フタゴムシの感染実験をやられていました。当時若輩だった著者は，医師がなぜ人体寄生虫でもないフタゴムシの研究をするのか，合点がいきませんでした。

目黒寄生虫館は研究のほかに教育・普及活動なども活発に行っており，寄生虫標本や資料の収集保存などを行っています。とくに日本が生んだ寄生虫分類学の世界的権威山口左仲（1894 ～ 1976）の研究した貴重な標本と資料を収蔵していることで知られています。また「日本における寄生虫学の研究 １～７」を和英両文で刊行するなど，日本の寄生虫学研究を世界に紹介してきました。著者もこのシリーズに陸上動物の寄生虫相について書かせていただきました。どのような寄生虫が日本の陸上脊椎動物にみられるか，という与えられたテーマから勝手にはみ出し，そのような寄生虫相がどのような歴史的過程を経て成立したのかを論じました。原稿を送ってしばらくして，亀谷先生から直接お電話があり，思いがけずたいへん褒めていただきました。そのとき，医師でありながら，ヒトに寄生するはずもない野生動物の寄生虫にまで広く関心をもつという先生の視野の広さに敬服しました。先生がフタゴムシの不思議に魅せられたことも頷けます。当時医学部の寄生虫学教室にありながら，カエルやトカゲの寄生虫などを中心に研究していた著者はおおいに勇気づけられたものです。

創設以来入館は無料で，素晴らしい展示を観ることができます。本書を読まれた方はぜひ寄生虫の本物を見に足をお運びください。

の外鰓にとりついた場合，急速に幼形成熟型となって産卵することがあります。

3.2 吸虫綱 Trematoda

吸虫綱のうち二生類は必ず中間宿主を必要とし，ときに4つの異なる宿主を必要とする場合もあります。また幼生の中に幼生を生じる幼生生殖という現象が一般にみられます。幼生にはミラシジウム miracidium，スポロシスト sporocyst，レジア redia，セルカリア cercaria，メタセルカリア metacercaria などがあります。ミラシジウムは卵が発生してはじめに形成される幼生で，孵化して繊毛で遊泳して中間宿主に侵入するものや，卵が中間宿主に食べられてからその腸で孵化する繊毛を持たないものなどがあります。ミラシジウムは中間宿主の体内で発育し，袋状で口も吸盤もないスポロシストになります。その体内で幼生生殖が行われ，レジアが形成されます。レジアは吸盤，口と咽頭，腸があります。レジアの体内でセルカリアが形成されます。セルカリアは生殖器官が未発達ですが，基本的に成虫の体制をもち，一般に尾があって水中を遊泳します。セルカリアは多くの場合，第2中間宿主体内へ侵入して尾を失い，袋を被ってメタセルカリアとなります。二生類の代表的な生活環をヒトの寄生虫を中心にいくつか説明しましょう。

(1) 日本住血吸虫（ニホンジュウケツキュウチュウ）*Schistosoma japonicum*：日本という名前が示すように，わが国で発見された吸虫ですが，中国，台湾，フィリピンなどに分布します。ヒトのほか，ネコやイヌ，ネズミ，ウシなどさまざまな哺乳類の肝臓の血管に寄生します。吸虫類としては例外的に雌雄異体で，成熟個体は細長く，体長20 mm程度で，必ず雄と雌がペアになって，雄の抱雌管に雌が抱かれています（**図3-12**）。雌雄のペアは産卵を行うときに，肝臓の門脈から腸管の静脈へと遡り，細血管内に産卵します。卵は血管を塞ぐため，組織が壊死を起こして卵は腸内に出て，糞便とともに排泄されます。卵は内部にミラシジウムを含んでいて，水中で孵化して中間宿主の小さい巻貝であるミヤイリガイ（宮入貝）に入り，スポロシスト，娘スポロシストを経て幼生生殖でセルカリアを多数形成します。セルカリアは二叉の尾部をもち，ミヤイリガイから水中へ遊出し，水に接触した終宿主の皮膚から感染します。セルカリアは感染時

図 3-12 日本住血吸虫の生活環

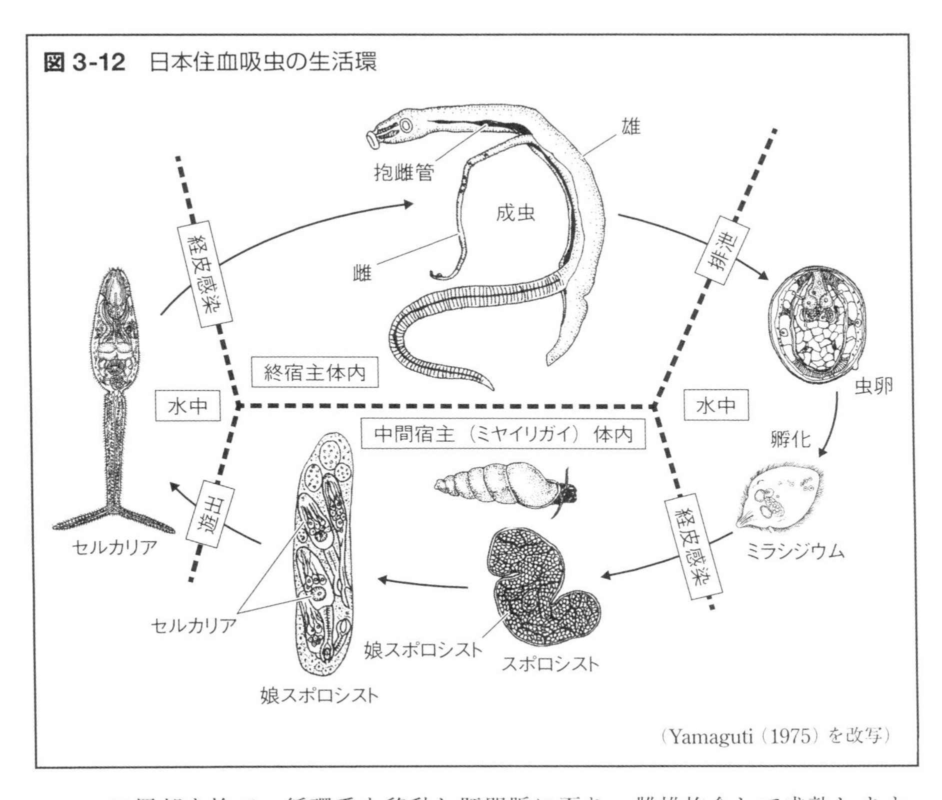

（Yamaguti（1975）を改写）

に尾部を捨て，循環系を移動し肝門脈に至り，雌雄抱合して成熟します。虫卵は排泄されずに体内に残るものも多く，周囲に炎症を起こし，やがて肝硬変，腹水貯留など重篤な症状を起こし，死に至ることもあります。このほかにヒトに寄生する住血吸虫の仲間にはアフリカや中南米に分布して日本住血吸虫に似た症状を起こすマンソン住血吸虫 *S. mansoni*，アフリカに分布して膀胱周囲の血管に寄生し，尿に虫卵が排泄されるビルハルツ住血吸虫 *S. haematobium* がいます。またカモなどに寄生する住血吸虫の仲間で，中間宿主の淡水性巻貝から遊出したセルカリアがヒトの皮膚に侵入して皮膚炎を起こすことがあります。

(2) ウェステルマン肺吸虫（ウェステルマンハイキュウチュウ）*Paragonimus westermani*：ヒト，イヌ，ネコなどの肺に虫嚢という袋状の穴をつくって寄生し，成虫はコーヒー豆状で，体長 1 cm 程度です。1 つの虫嚢に複数個体が寄生するのがふつうで，産卵された卵は喀痰に混じって排出され，あるいは喀痰が嚥下されて糞便とともに排泄されます。卵ははじめ受精卵と卵黄細胞を含み，卵内で発育してミラシジウムとなり，卵の小蓋を開けて水中に脱出し，第１中間宿主である淡水産巻貝のカワニナに侵入します。カワニナの体内でスポロシスト，レジア，娘レジアを経てセルカリアとなり，カワニナから遊出します。セルカリアは第２中間宿主のモクズガニやサワガニの体表を溶かして体内に入り，被嚢して球形のメタセルカリアとなります。メタセルカリアを有するカニを生で食べたり，カニの調理過程で飛散したメタセルカリアが付着した野菜を摂取することにより終宿主が感染します。メタセルカリアは終宿主の腸で嚢から出て腸を穿通し，横隔膜を通過して肺に入り，虫嚢を形成します（**図 3-13**）。イノシシなどがメタセルカリアをもつカニを食べると，虫体は肺へ行かず，未成熟のまま筋肉内に留まります。このようなイノシシの肉をヒトが生で食べて感染することがあります。この寄生虫が感染すると，痰に虫卵が混

図 3-13　肺吸虫の生活環

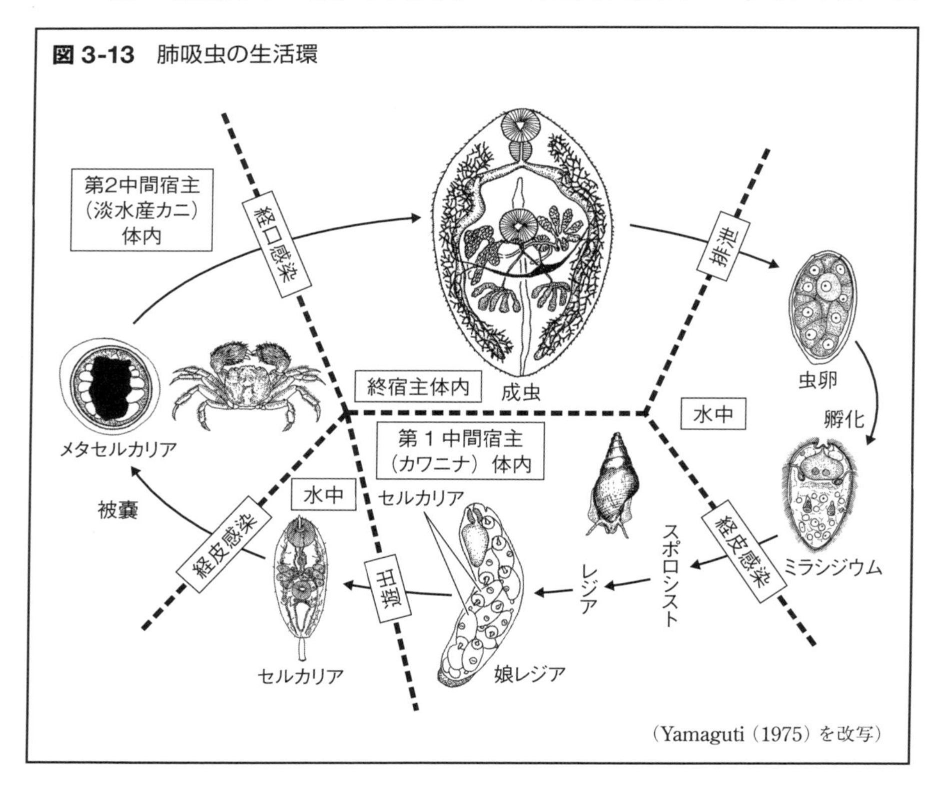

（Yamaguti（1975）を改写）

じって赤錆色となり，胸部X線所見で虫嚢周囲が陰影として見えるため肺結核を疑われます。また中枢神経に虫体が迷入したり，虫卵が塞栓を起こしたりすると癲癇や麻痺を起こします。ウェステルマン肺吸虫に似た種類に宮崎肺吸虫 *P. skrjabini miyazakii* があります。この肺吸虫はイタチやテンの肺に成虫が寄生し，第1中間宿主は地下水に生息する巻貝ホラアナミジンニナ，第2中間宿主はサワガニです。サワガニの生食によりヒトが感染することがあり，気胸を起こしたりします。

(3) 肝吸虫（カンキュウチュウ）*Clonorchis sinensis*：成虫は体長2 cm，体幅4 mm内外の葉状で，ヒト，イヌ，ネコなど哺乳類の肝臓の胆管枝に寄生します。卵は胆汁とともに腸内へ出て，糞便に排泄されます。この虫卵を第1中間宿主のマメタニシが摂取すると，腸内でミラシジウムが孵化し，スポロシスト，レジア，セルカリアへと発育し，セルカリアは水中へ遊出して，第2中間宿主の魚類の鱗の下へ侵入し，被嚢してメタセルカリアとなります。第2中間宿主はおもにコイ科のモツゴ，ヒガイ，タナゴ，

図 3-14　肝吸虫の生活環

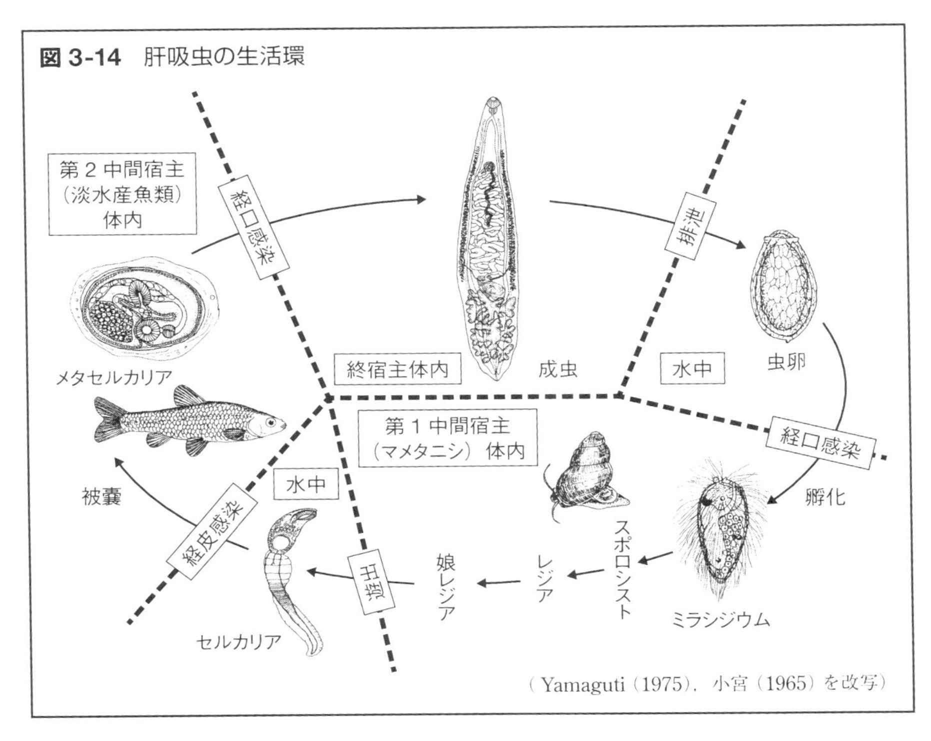

（Yamaguti（1975），小宮（1965）を改写）

ウグイなどいわゆる雑魚とよばれる淡水魚で，これらを生で摂取すると，小腸上部で被嚢から脱出して輸胆管，肝管を遡り，胆管枝に至って成長します（**図 3-14**）。肝吸虫が多数寄生すると，胆汁の流れがうっ滞し，肝硬変となって死亡することがあります。美食家の北大路魯山人が肝吸虫症で死亡したことは有名です。東南アジアでは近縁種タイ肝吸虫 *Opisthorchis viverrini* が重要な病原体となっています。

(4) 横川吸虫（ヨコガワキュウチュウ）*Metagonimus yokogawai*：成虫の体長が 1 ～ 1.5 mm の微小な吸虫で，ヒト，イヌ，ネコなどの小腸に寄生しています。おそらく現在の日本でヒトに寄生することがもっとも多い吸虫と考えられます。糞便に排泄された虫卵は，第 1 中間宿主のカワニナに摂取されて，その腸で孵化し，スポロシスト，レジア，娘レジアを経てセルカリアとなり，カワニナから遊出します。セルカリアは第 2 中間宿主のアユ，ウグイ，シラウオなどの鱗や皮下組織，筋内に侵入し，被嚢してメタセルカリアとなります。メタセルカリアを含んだ淡水魚を生あるいは

図 3-15　横川吸虫の生活環

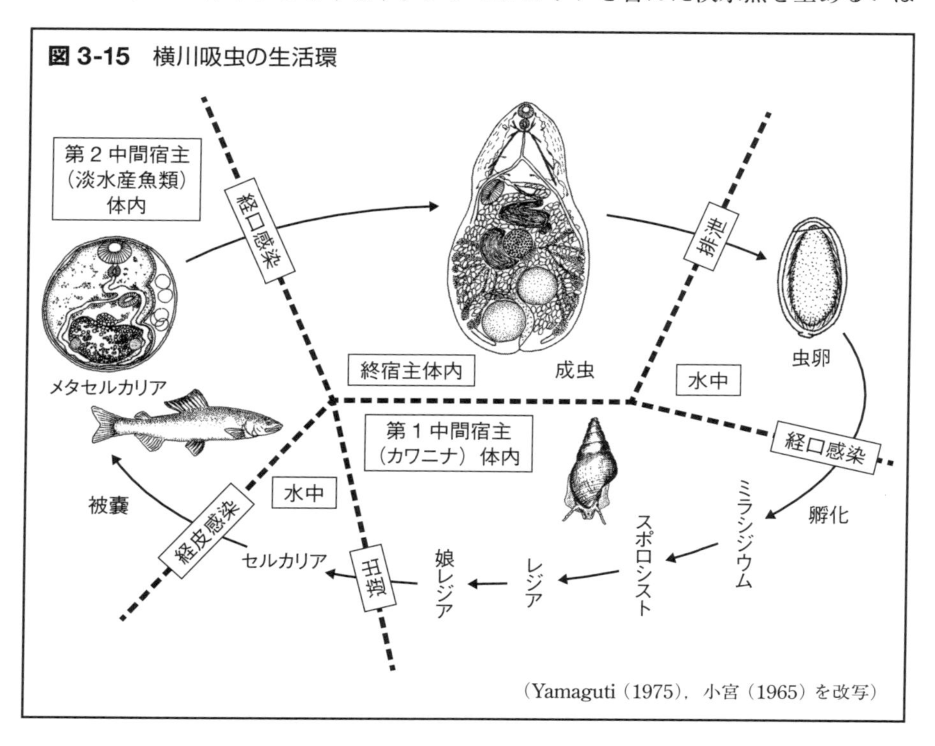

（Yamaguti（1975），小宮（1965）を改写）

不完全調理で食べることにより終宿主が感染します（**図 3-15**）。横川吸虫に寄生されていてもほとんど無症状のことが多く，ときに下痢や腹痛を起こすことがあります。

(5) 肝蛭（カンテツ）*Fasciola hepatica*：成虫の体長が 3 cm，体幅が 1.3 cm になる大型扁平な吸虫で，おもにウシ，ヒツジ，ヤギなど草食獣の

図 3-16 肝蛭の生活環

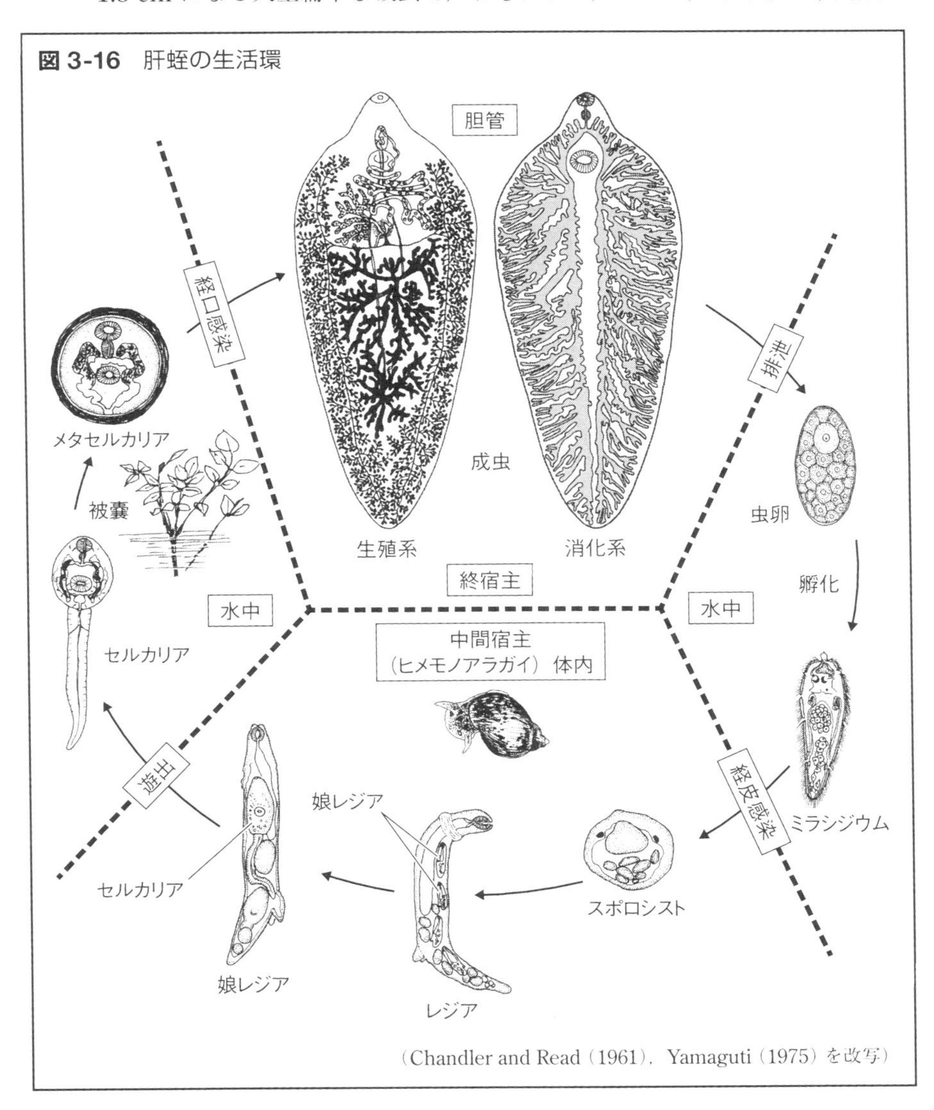

（Chandler and Read（1961），Yamaguti（1975）を改写）

胆管内に寄生しますが，ヒトに寄生することもまれにあります。大型のため目につきやすいこともあり，吸虫類で最初に記載され，生活環も吸虫の中で最初に明らかにされました。胆管内で産下された虫卵は胆汁とともに腸内へ出て，糞便とともに排出されます。虫卵は水中で発育して内部にミラシジウムを形成し，孵化したミラシジウムは中間宿主であるヒメモノアラガイに侵入し，スポロシスト，レジア，娘レジアを経てセルカリアとなり，ヒメモノアラガイから遊出します。そして水に浸かっている植物などの表面に付着して被嚢し，メタセルカリアとなります。終宿主がそれらの植物を摂取すると，小腸で脱嚢して腸壁を穿通して腹腔へ出てから肝臓に入り，やがて胆管に侵入して成長します（**図 3-16**）。

(6)　ロイコクロリジウム *Leucochloridium*：小型の鳥の小腸に寄生する吸虫ですが，その幼虫が特異な生態をもつことで知られています。中間宿主はオカモノアラガイや小型のカタツムリなどで，スポロシスト体内にセルカリアができると，スポロシストの体内で被嚢して厚い粘液層に囲まれたメタセルカリアとなります。やがてスポロシストがメタセルカリアで充満すると，中間宿主の触角の中へ侵入し，盛んに律動的な蠕動を行います。スポロシストは緑，茶，白などの縞模様があり，それが動くので，鳥が惹き付けられます。鳥は触角をちぎって食べ，感染します。この時期になると，中間宿主は葉の裏面から触角を出すような行動をとり，鳥にみつかりやすいようにするといわれ，寄生虫が宿主の行動を操る一例とされます（**図 3-17**）。

3.3　条虫綱 Cestoidea

単節条虫亜綱の種は魚類に寄生しています。ギロコチレ *Gyrocotyle* は原始的な軟骨魚類のギンザメの腸のらせん弁に寄生して，体の前端に小さい固着器，後端にひだのついた接着器があります（**図 1-8**）。幼生は遊泳性で生活環はよくわかっていません。アンフィリナ *Amphilina* はチョウザメなど原始的な魚類やカメの体腔に寄生し，甲殻類を中間宿主にしています。

真正条虫亜綱のほとんどは魚類から哺乳類までの消化管，とくに小腸に寄生します。裂頭条虫目（擬葉類），円葉目に重要な人体寄生虫を含みます。

(1)　裂頭条虫目：頭部に吸溝をもち，これで腸壁の絨毛をつかんで腸の蠕動運動に流されないようにしています（**図 3-18**）。生殖腔は腹面に開口

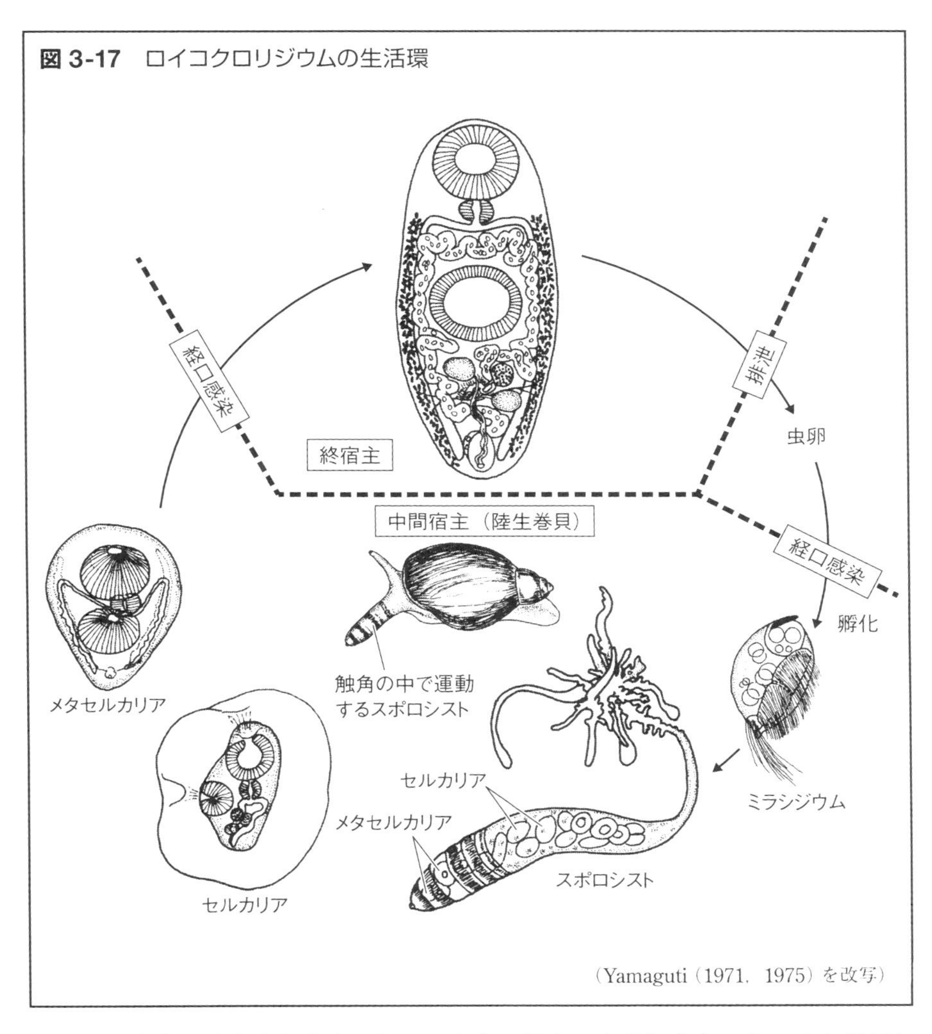

図 3-17 ロイコクロリジウムの生活環

（Yamaguti（1971，1975）を改写）

します。子宮孔を有するため，宿主の腸内で産卵します。卵には小蓋があります（**図 3-19**）。卵が糞便とともに排出され，水中に出ると，内部で胚発生が起き，コラシジウム coracidium 幼生が形成されます。卵は孵化するとき小蓋が外れ，中からコラシジウムが出てきます。このコラシジウムは表面に繊毛，内部に 6 本の鉤をもっており，水中を繊毛の運動で遊泳します。すると水中にいる第 1 中間宿主のケンミジンコがそれを餌と誤認して食べます。コラシジウムはケンミジンコの消化管壁を 6 本の鉤によって

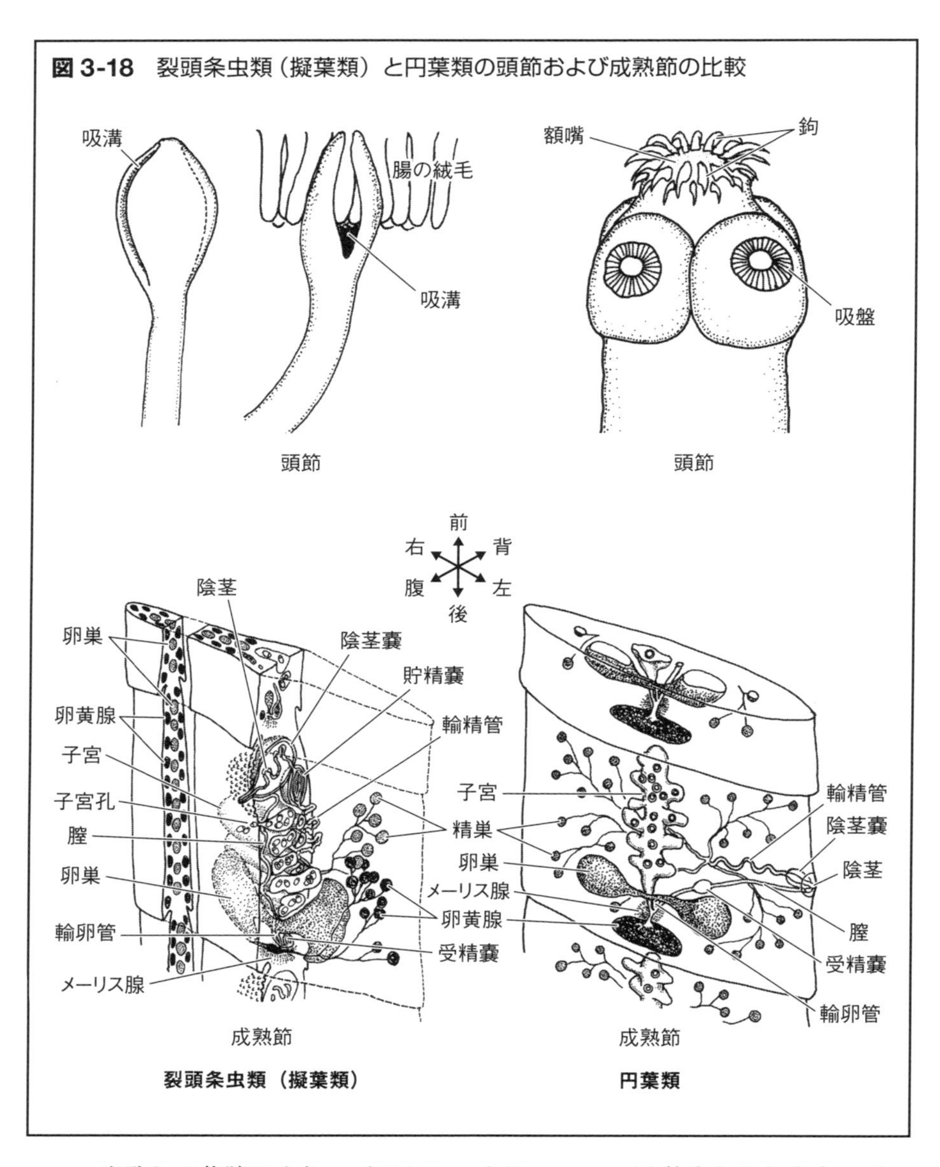

穿孔して体腔に入り，プロセルコイド procercoid 幼生となります。プロセルコイドは頭部に陥凹を有し，尾端はくびれて丸い部分に 6 鉤をもっています。このプロセルコイドをもったケンミジンコが第 2 中間宿主である魚類や両生類などに食べられると，消化管を穿通し，筋肉や臓器に移行し

てプレロセルコイドplerocercoid幼生になります。プレロセルコイドは頭端に吸溝がありますが，後端に鉤はありません。終宿主はプレロセルコイドを含んだ第2中間宿主を食べることによって感染し，腸に吸着して成熟します（**図3-19**）。裂頭条虫類は魚を食べる哺乳類や鳥類に多くの種が知られています。終宿主に対する特異性は比較的弱く，人獣共通の種類も少なくありません。

(1)-1 日本海裂頭条虫（ニホンカイレットウジョウチュウ）*D. nihonkaiense*：ヒトに寄生する裂頭条虫類として広節裂頭条虫（コウセツレットウジョウチュウ）*Diphyllobothroum latum*が一般に知られていますが，この種はバルト海周辺地域が基産地で，日本には分布しません。明治時代に日本の種をヨーロッパの広節裂頭条虫と同種としたために，混同されてきました。1980年代になって古来から日本に分布する裂頭条虫は新種

図3-19 裂頭条虫類の生活環（日本海裂頭条虫を例として）

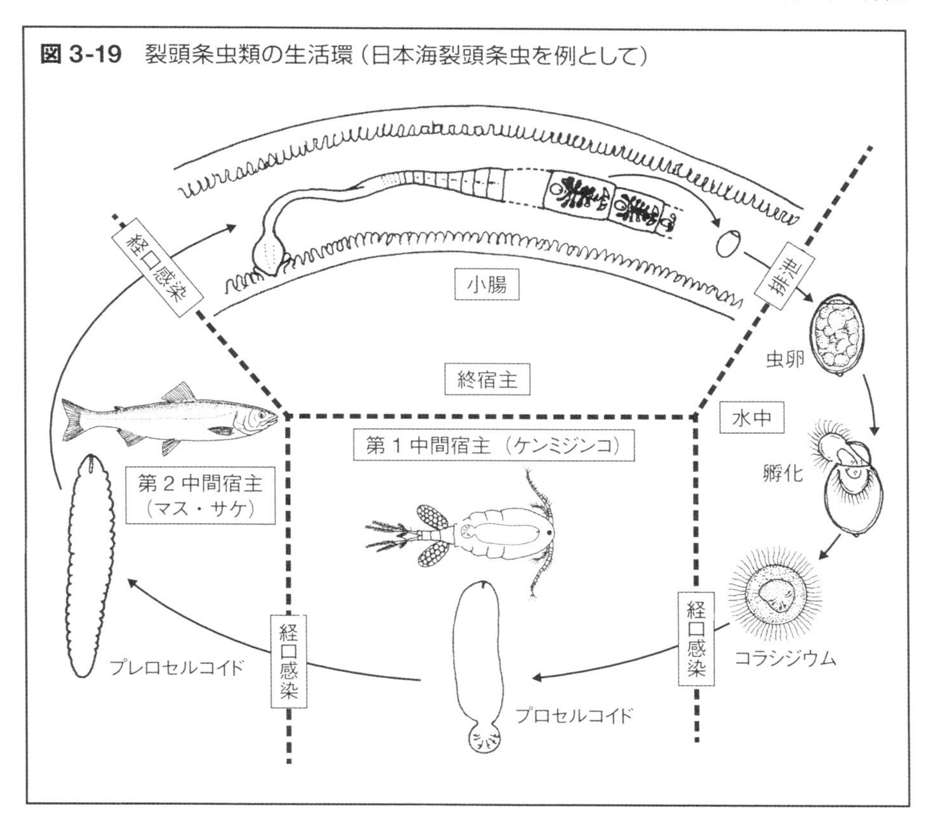

として日本海裂頭条虫と命名されました。両種とも成虫は長大で，長さ10 mに達することがあります。ヒトのほか，イヌやクマなどにも寄生します。両者は形態だけでなく，DNAの塩基配列でも異なります。また，広節裂頭条虫が食物からビタミンB_{12}を横取りするために悪性貧血をもたらすなど病害性が強いのに対し，日本海裂頭条虫はビタミンB_{12}の横取りはなく，感染者には軽い消化器症状がある程度で，体重減少はほとんどみられません。患者の多くは排便時に，紐状の断片が出てくるので驚いて病院を受診します。日本海裂頭条虫はサケやマスの刺身や酢漬けを食べることによって感染します。しかし第1中間宿主のケンミジンコの種は何か，サケやマスが感染する水域は淡水か海水か，そもそもサケやマスは第2中間宿主なのか待機宿主なのかなど，その生活環にはまだ不明の点が少なくありません。純粋に海産の魚を生食してヒトに感染すると考えられているものに，イルカ裂頭条虫（イルカレットウジョウチュウ）*D. stemmacephalum*，太平洋裂頭条虫（タイヘイヨウレットウジョウチュウ）*D. pacificum*，クジラ複殖門条虫（クジラフクショクモンジョウチュウ）*Diplogonoporus balaenopterae*などがあり，いずれも固有宿主はクジラなど海産哺乳類です。

(1)-2　マンソン裂頭条虫（マンソンレットウジョウチュウ）*Spirometra erinaceieuropaei*：成虫の体長が2 mほどの，イヌやネコなどの腸に寄生する種類です。終宿主の糞便とともに排泄された虫卵が水中で孵化し，出てきたコラシジウムが第1中間宿主のケンミジンコに捕食されてその体腔でプロセルコイドになり，ケンミジンコが第2中間宿主となる脊椎動物に食べられるとその組織内でプレロセルコイドになり，それを有する脊椎動物が終宿主に食べられると，その小腸で成虫になります。第2中間宿主を待機宿主の脊椎動物が食べるとプレロセルコイドは成虫にならず，組織内に移行して終宿主に食べられるのを待ちます。第2中間宿主や待機宿主にはヒトを含むさまざまな脊椎動物がなります（**図3-20**）。とくにカエルやヘビにはプレロセルコイドが多く寄生しています。

人体にプレロセルコイドが寄生する病気を孤虫症（コチュウショウ）とよびます。これは昔，この幼虫が検出されたとき，親虫が不明だったので，孤児という意味で「*Sparganum*」とよんだ名残です。マンソン裂頭条虫の成虫がヒトに寄生することはごくまれですが，プレロセルコイドが寄生した症例はときどき報告され，マンソン孤虫症とよばれます。皮下や筋肉

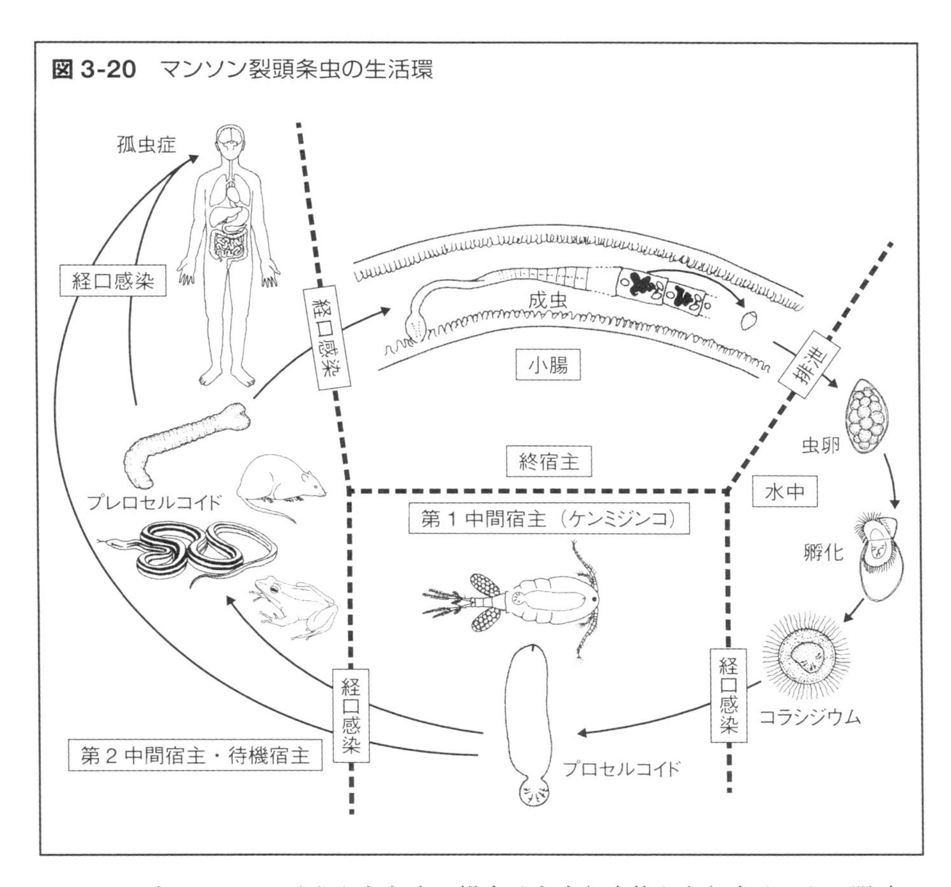

図 3-20 マンソン裂頭条虫の生活環

にプレロセルコイドがとどまる場合はあまり症状がありませんが，眼球や脳などに移行した場合は危険です。カエルやヘビなどの不完全調理食や，ケンミジンコを含む井戸水や湧き水を加熱せずに飲用して感染するのですが，個々の症例で何から感染したかは不明の場合が少なくありません。マンソン孤虫症では体内で虫が増えることはありませんが，芽殖孤虫（ガショクコチュウ）*Sparganum proliferum* によって起こされる芽殖孤虫症では体内のプレロセルコイドが分芽増殖して，体中の組織内にはびこり，致死的となります。非常に珍しい寄生虫疾患ですが，患者の多くは日本人です。芽殖孤虫はマンソン孤虫の異常形という見方がありますが，その成虫はまだわかっていません。

プレロセルコイドが分泌する物質が，宿主の体に大きな影響を及ぼすことがあります。脳下垂体は脊椎動物の重要な内分泌器官で，それを除去されたネズミは矮小になりますが，そのようなネズミにマンソン裂頭条虫に近い種（*S. mansonoides*）のプレロセルコイドを感染させると，丸々と太ることが知られています。これはプレロセルコイドが成長ホルモン様の物質やインスリンに似た物質を産生するためです。この効果は日本産のマンソン裂頭条虫にもあります。

(1)-3　カイツブリ二殖条虫（カイツブリニショクジョウチュウ）*Digramma alternans*：カイツブリに寄生する裂頭条虫の仲間ですが，そのプレロセルコイドは体長1mを超え，フナの腹腔に寄生することで有名です。このプレロセルコイドは古来リグラとよばれ，世界各地で珍味として食べられているそうです。

(2)　カリオフィレウス目：成虫は分節しておらず，淡水魚類の腸，一部はイトミミズの体腔に寄生します（**図1-8**）。生殖器官や生活環の類似性から，裂頭条虫類のプロセルコイドが幼虫型のまま成熟したとみなせるものです。コイの腸に寄生するカリオフィレウスは，裂頭条虫に似た卵を産み，それがイトミミズに食べられると，その体腔に入ってプロセルコイドになります。このプロセルコイドはすでに生殖原基を有しています。このミミズがコイに食べられると，腸内で成熟します。スパテボスリア目の条虫は体内では分節していますが，体表面には分節が現れない仲間で，淡水産・海水産の硬骨魚に寄生します。

(3)　円葉目：頭部に吸盤を4個有するものが多く，加えて先端に鉤を有する額嘴（がくし）という引き込み可能な構造をもっている種があります（**図3-18**）。生殖腔は多くの種で側面に開口します。生活環にふつうは中間宿主が1つ必要で，中間宿主は無脊椎動物の場合も脊椎動物の場合もあります。卵は円形あるいは楕円形で，内部に6個の鉤をもつ六鉤幼虫を含んでいます。円葉類は子宮孔をもたないので，腸の中に寄生している成虫は産卵ができず，片節が離断して糞便とともに排泄され，腐敗することによって環境に卵が散布されるか，腸内で片節が壊れて卵が放出され糞便とともに外界に出るかのいずれかとなります。外界に出た卵は中間宿主に経口的に摂取されると消化管内で孵化し，六鉤幼虫は腸壁を穿通して体のさまざまな部位に入り，嚢虫という袋状の幼虫になります。嚢虫には嚢尾虫cysticercus，擬嚢尾虫cysticercoid，共尾虫coenurus，包虫hydatidなどの型があります。終宿主はこの嚢虫を含む中間宿主を食べることにより感染します。

(3)-1　無鉤条虫（ムコウジョウチュウ）*Taenia saginata* と有鉤条虫（ユウコウジョウチュウ）*Taenia solium* は円葉類の代表格の大型種で，成虫の体長は無鉤条虫で 10 m，有鉤条虫で 3 m に達します。名前が表すように無鉤条虫は頭部に鉤をもちませんが，有鉤条虫は頭部に鉤を並べた額嘴を有します。両者ともヒトを自然界で唯一の終宿主としています。無鉤条虫の中間宿主はウシ科の動物で，有鉤条虫の中間宿主はブタのほか，イヌなどが含まれます。中間宿主の中で径 1 cm ほどの嚢虫となり，ヒトが中間宿主の肉や臓器を不完全調理で食べると感染し，腸内で嚢虫の頭部が翻出して腸壁にとりつき，成虫へと発育します（**図 3-21**）。無鉤条虫の場合はヒトにおける病害性はそれほど強くありませんが，有鉤条虫の場合は，腸内で成虫の片節が崩壊して放出された卵がただちに孵化して腸壁へ侵入し，循環系によって全身に運ばれ，嚢虫を形成することがあります（有鉤嚢虫症）。心臓や脳など重要な臓器に嚢虫が形成された場合は致命的になることがあります。脳内の脳室などに寄生すると頭部が形成されないブドウ状嚢虫となり，体積を増して脳を圧迫し，さまざまな神経症状を起こします。また卵は外界で長期間生存するため，ヒトが経口摂取して嚢虫症になる可能性があります。

成虫では無鉤条虫と形態的に区別できませんが，ブタが中間宿主になっているアジア無鉤条虫 *Taenia saginata asiatica* という亜種が存在し，日本でも患者が出ていることが最近わかりました。ブタでは肝臓に嚢虫が形成され，肝臓の生食によって感染します。無鉤条虫とアジア無鉤条虫では，人体に嚢虫症を起こすことは知られていません。

(3)-2　猫条虫（ネコジョウチュウ）*Taenia taeniaeformis* はネコに寄生しています。中間宿主はネズミで，その肝臓に帯状嚢虫という，一部がストロビラとなった幼虫ができます。ネコはそのネズミを食べて感染します。

(3)-3　小形条虫（コガタジョウチュウ）*Hymenolepis nana* と縮小条虫（シュクショウジョウチュウ）*Hymenolepis diminuta* は小さな条虫で，成虫の体長は前者で 25 mm ほど，後者で 90 cm 程度です。ヒトにも寄生しますが，本来はネズミに多い条虫で，ともにゴミムシダマシやノミなど昆虫を中間宿主とし，その体内で擬嚢尾虫が形成されます。終宿主はこれら

図 3-21　無鉤条虫（外環）および有鉤条虫（内環）の生活環

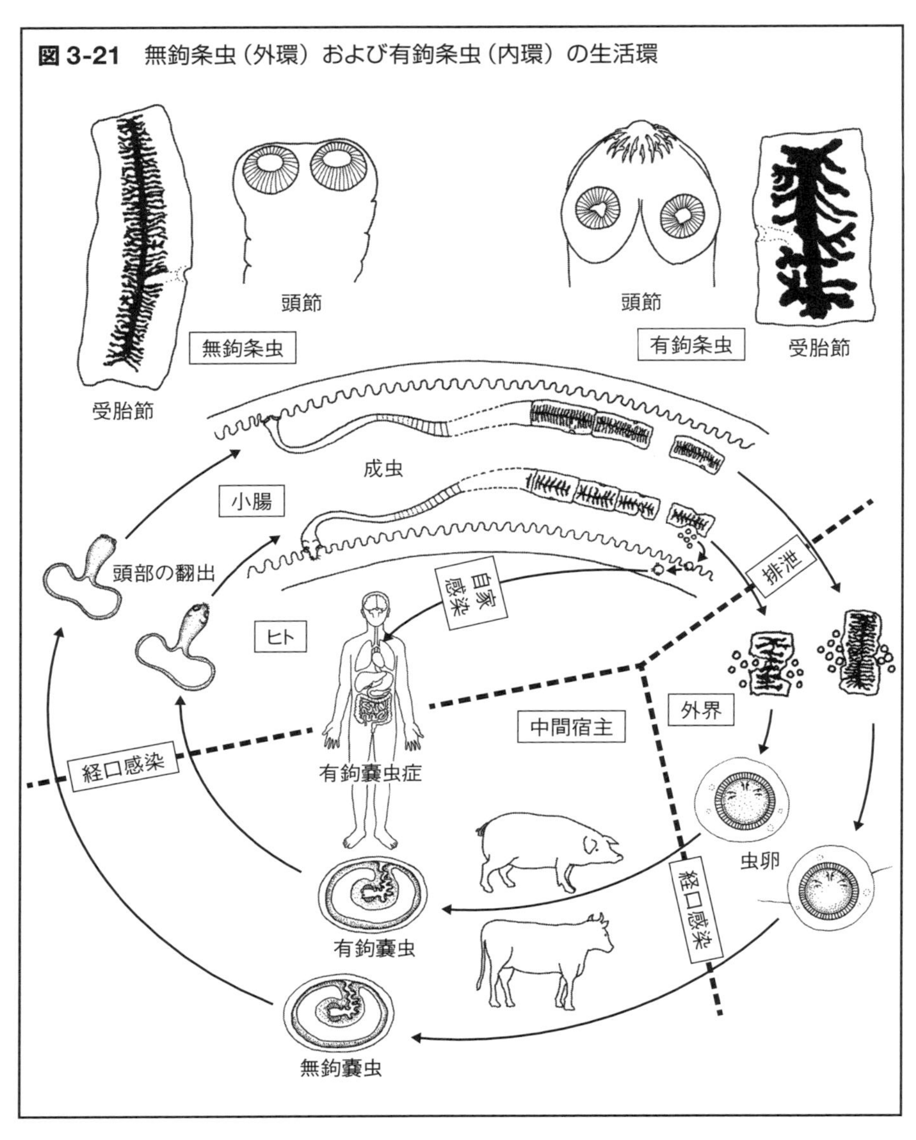

の昆虫を食べて感染します。小形条虫は条虫では例外的に，虫卵が中間宿主を介することなく経口感染で終宿主に感染でき，孵化した六鉤幼虫は腸粘膜に入って擬嚢尾虫となり，再び腸腔に出て成虫になることができます。また腸内の成虫から遊離した卵がただちに孵化して同様に腸粘膜で擬嚢尾

虫になり，腸腔に出て成虫となることもできる（これを自家感染といいます）ため，多数の虫体が寄生することがあります。（**図 3-22**）。そのため病害性は小形条虫のほうが強く，消化器症状の外に栄養障害や神経症状まで起こすことがあります。なお最近の研究ではヒトの小形条虫はネズミ寄生の種とは異なるという説が有力になっています。

(3)-4 単包条虫（タンポウジョウチュウ）*Echinococcus granulosus* と多包条虫（タホウジョウチュウ）*E. multilocularis* は成虫がヒトに寄生するものではなく，幼虫が寄生することで重篤な症状を起こします。成虫はイヌ，オオカミ，キツネ，ネコなどに寄生していますが，微小で，体長は単包条虫で 3 ～ 6 mm，多包条虫で 2 mm ほどしかなく，片節数は数個以内です（**図 1-8**）。卵は糞便とともに環境中に散布され，水や食物に混じって中間宿主に経口摂取されます。腸内で孵化した六鉤幼虫は腸壁に侵入し，肝臓等へ運ばれて大きな嚢胞（包虫）を形成します。単包条虫の形成する包虫を単包虫，多包条虫のそれを多包虫とよびます。包虫の中では多数の原頭節が形成され，それが終宿主に食べられるとそれぞれ 1 個体の成虫になります。中間宿主は単包条虫ではヒツジやヤギ，多包条虫では野ネズミ（ヤチネズミなど）です。ヒトが飲食物に混ざった卵を摂取すると肝臓等に包虫が形成され，ときに致死的になります（**図 3-23**）。単包虫症の患者は全国に散発的に発生し，多包虫症は北海道にみられます。

(3)-5 瓜実条虫（ウリザネジョウチュウ）*Dipylidium caninum* はネコやイヌにふつうの寄生虫で，成熟節や受胎節は瓜実型をしています。生殖腔が片節の両側にあります。成虫が寄生しているネコは肛門から受胎節が出てきて被毛に付着していることがあります。受胎節には多数の卵嚢があり，その中に虫卵が入っています。外界に出ると受胎節は崩壊し，卵嚢が出ます。それを中間宿主であるノミの幼虫やハジラミが食べると，その中に擬嚢尾虫が形成され，変態して成虫となったノミなどを毛繕いでネコやイヌが食べることにより感染します（**図 3-24**）。ネコと密接に接触するヒト（おもに小児）が偶発的に擬嚢尾虫をもつノミを経口摂取することで感染を受けることがあります。

(3)-6 有線条虫（ユウセンジョウチュウ）*Mesocestoides lineatus* はイヌやネコに寄生し，成虫の体長は 1 m ほどで，例外的に生殖腔が腹面に開きます。中間宿主は土壌中に生息するササラダニとみられ，幼虫（テトラチ

図 3-22 縮小条虫（外環）および小形条虫（内環）の生活環

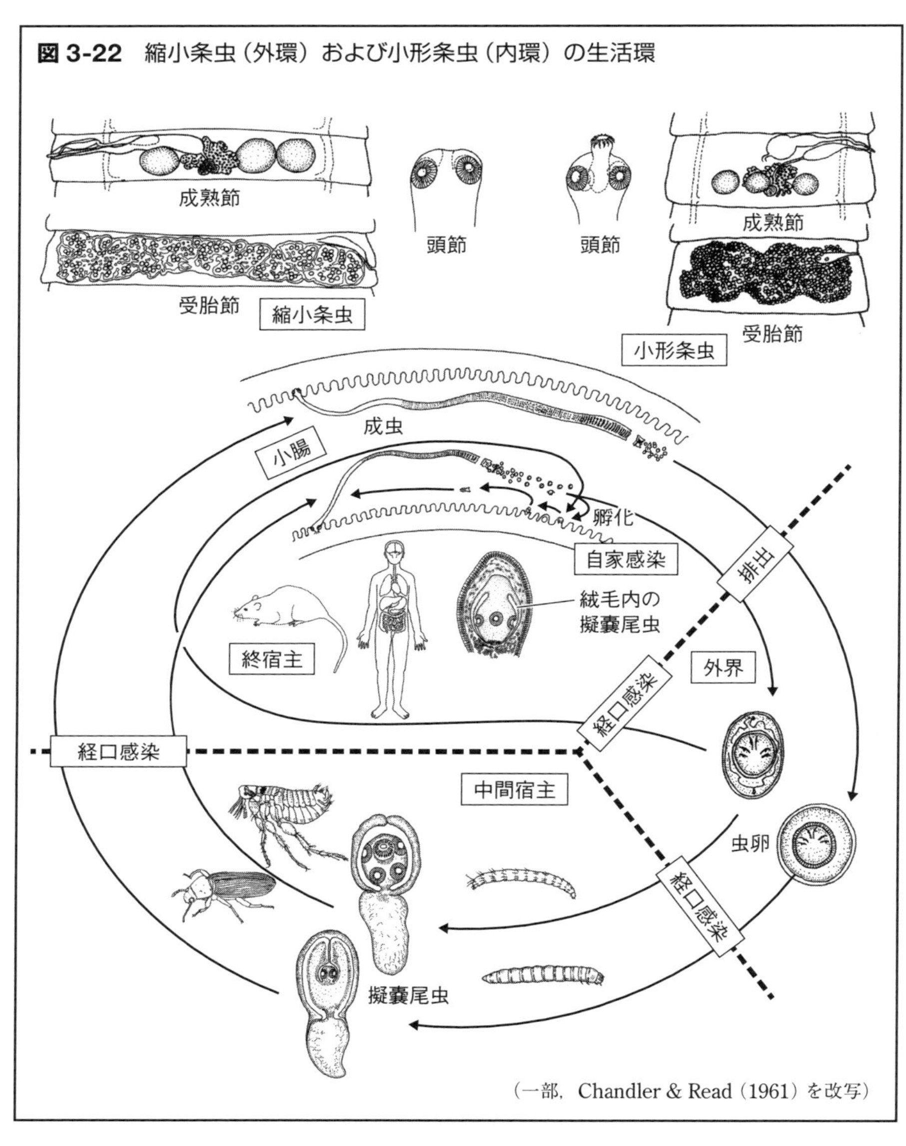

（一部，Chandler & Read（1961）を改写）

リジウム tetrathyridium とよばれます）はヘビ，トカゲ，スッポン，ネズミにみつかっています。この仲間には成虫が腸の中で無性的に増殖するものがあります。

(4) 四吻目：成虫は板鰓類（エイやサメ）の腸に寄生するもので，頭部

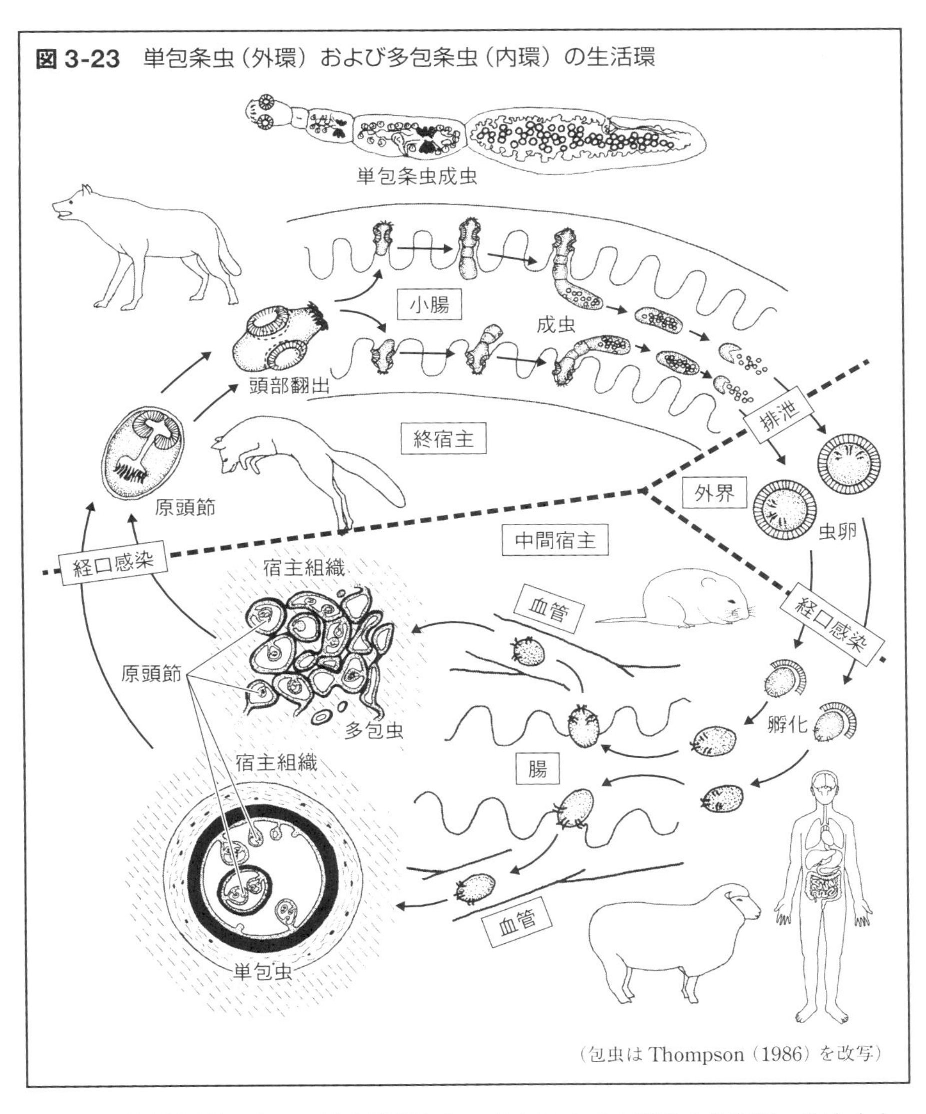

図 3-23 単包条虫（外環）および多包条虫（内環）の生活環

に複雑な形の 4 つの吸着器があり，さらに 4 本の翻出する細長い吻をもち，その表面には鉤が密生していて，宿主の腸粘膜に入り込んで固着を助けます。多くの種類があり，それぞれが特定の宿主の腸の構造に適応していて，宿主特異性が強いことが知られています。日常よく目にするのはニベリン条虫（ニベリンジョウチュウ）*Nybelinia surmenicola* のプレロセルコイ

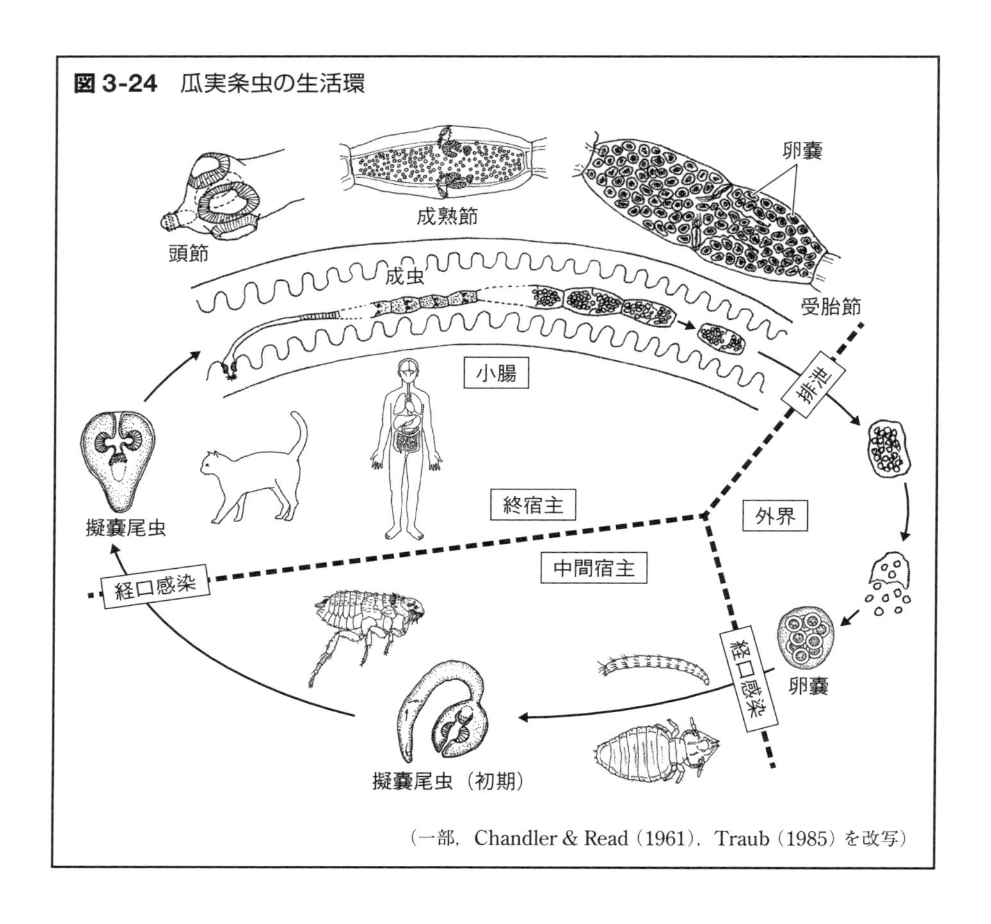

ドでしょう（**図 3-25**）。乳白色の飯粒のような大きさで，イカやスケトウダラなどを捌くときに動くので気づかれやすいのです。この幼虫は刺身を食べたヒトの喉の粘膜に吻を刺し込むことがありますが，影響は軽微です。しかしイカなどの加工過程では丹念に除去しなければならないので，水産の世界では厄介者です。ニベリン条虫の成虫はネズミザメに寄生していて，中間宿主はオキアミ，イカやタラは待機宿主です。

図 3-25　ニベリン条虫

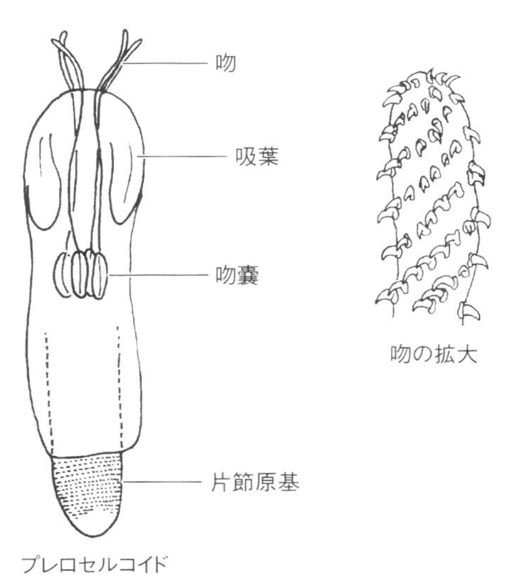

（長澤（2001），Khalil et al.（1994）を改写）

column

自分の体で寄生虫を飼う

寄生虫の生活環を解明することは寄生虫学では重要です。とくに人の健康に大きな影響を与える種類の場合は必須です。そのため実験動物に寄生虫を感染させて発育を調べることがよく行われます。しかしヒトを唯一の宿主とする寄生虫の場合は，適当な実験動物がいないので，結局ヒトに感染させるしか方法がないことになります。たとえば牛肉にいる嚢虫（92 ページ）が取り込まれて人体内で無鉤条虫になるかどうか確かめるには，その嚢虫を飲んでみることになります。よく，培養して成虫にすれば簡単にわかるではないかと言われますが，寄生虫，とくに蠕虫類を培養して成虫にするのは今日でも極めて困難なのです。現在のように DNA 塩基配列を比較して幼虫と成虫の関係が容易に決められるようになるまでは，人体実験しか方法がなかったわけです。そこでかつては自分自身に感染させて確かめる研究者が少なからずいました。病害性が低い寄生虫ならいざ知らず，かなり危険な寄生虫まで試みられました。戦前，有鉤条虫の卵を自身で飲んで，それが腕の皮下で有鉤嚢虫になることを確かめた研究者もいました。有効な駆虫薬もCTスキャンもない時代で，脳の中に虫が入る可能性もある危険極まりない実験です。戦後も自身の体で寄生虫を‘飼育’した研究者がいます。ある研究者は糞線虫症患者の便を培養して，得た幼虫を自分の腕に感染させ，感染から発病までの経過を記録しました。糞線虫は自家感染を継続するので，感染が長期に，ときに生涯続き，宿主の免疫力が低下した時に爆発的に増えて致死的となります。この研究者は医学部の寄生虫学実習用に毎年糞便材料を提供し続けたそうですが，後年はさすがに虫が体内に残っていないか気になったようです。1970年代にドジョウの生食いによって棘口吸虫の感染例が相次いだとき，ドジョウから検出した幼虫を飲んで感染することを確かめた研究者もいます。この吸虫は腸に寄生するだけで，体内組織を移動していくようなことも体内で増えることもありません。患者もほとんど無症状なのですが，いざ自分に感染させてみると，かなりの消化器症状があったようです。1970～80年代にそれまで日本で広節裂頭条虫とされてきた種が，果たしてヨーロッパのものと同じかどうかが問題となったとき，ヨーロッパへ出かけて幼虫を飲み，自分の腸で成虫にして日本のものと比較しようとした研究者がいました。ハムスターなど実験動物で容易に成虫を得られるのですが，人体から得た虫体で比較しなくてはならない，という強い信念があったようです。現在，日本のものには日本海裂頭条虫という名称が与えられています。

4 線形動物門 Nematoda

運動するために角皮下層の内側に体壁筋細胞が配列し，それを仕切る形で縦走索があります。体壁に囲まれた内部は腔所ですが，中胚葉性上皮で囲まれないので擬体腔とよばれ，浸透圧の高い体液が入っています。消化管は前端の口から始まり，口腔，咽頭，食道，腸，直腸を経て肛門につながります。口は3唇あるいは2唇に囲まれていることが多いのですが，唇を欠くものもあります。食道には細い円柱状のもの（フィラリア型食道），中央がやや膨れて，その後方で細くなり，後端が球状になるもの（ラブジチス型食道），後端の球状部に弁を有するもの（蟯虫型食道）などがあります。食道と腸の間に胃をもつものもあります。線虫の排泄系は排泄よりもむしろ分泌性の性質があるとされます。排泄孔はふつう体前部の腹面に開き，そこから排泄管が排泄細胞に伸び，さらに側索内を縦走する管につながっています。神経系は食道を取り巻いている神経環が脳に相当し，そこから前後に神経線維が伸びています。感覚器官は乳頭や感覚毛などですが，頭部には感覚乳頭ないし感覚突起と，双器という感覚器官があります。また尾部に幻器（双腺）という感覚器官をもつものがあり，その有無で線虫は大別されてきましたが，分子系統ではその系統的意義は否定的です。雄の生殖管は1本で，精巣，輸精管，貯精嚢，射精管を経て総排泄腔に開きます。雄の直腸の背側には交接刺が2本（ときに1本，まれに欠くことがあります）あり，交尾時に雌の生殖器に挿入して体を保定します。交接刺に加えて副交接刺などをもつものもあります。雄の尾部は雌の陰門部に巻きついたり，把握したりする翼状あるいは嚢状の構造をそなえていることが多く，そこに感覚器官の乳頭や肋を配しています。これらの装置の形状は種を同定するために重要です。雌の生殖管は2本あるいは1本で，卵巣，輸卵管，子宮，腟を経て陰門につながります。輸卵管と子宮の間に受精嚢を有する場合もあります。卵生の種がほとんどですが，卵胎生のものもあります。

4.1 桿線虫目 Rhabditida

ほとんどが土壌中で自由生活をしていますが，一部に寄生生活に適応したものがあります。しかしまだ自由生活の名残が濃厚に認められます。たとえばペロデラ *Pelodera* は土壌中で生活環を回せますが，第3期幼虫にはすぐに第4期になるもの，休眠状態になって環境がよくなってから第4期になるもの，ネズミの結膜嚢や毛包に寄生して運ばれ，ほかの場所へ移ってから第4期になるもの，という3型の幼虫が生じます。日本のアカネズミの眼にもみられます。ラブジチス類のいくつかの種はヒトの便や尿から一過性にみつかることがあります。またハリセファロブス *Halicephalobus*（=*Micronema*）はふつう堆肥中などで自由生活をしていますが，ヒトやウマの傷口から体内に入ると，組織内で爆発的に増殖し，致死的となります。これらの桿線虫は真の寄生虫とはいえないかもしれません。しかし桿線虫類のうちラブジアス類と糞線虫類は真に寄生性です。とはいえ，寄生世代に加えて自由生活世代があるという，不思議な生活環をしています。

(1) ラブジアス属 *Rhabdias*：成虫はほとんどが両生類と爬虫類の肺に寄

生しています。多くの種類がおり，宿主特異性もあります。寄生しているのはすべて雌（寄生世代雌）ですが，実際は雄性先熟雌雄同体で，発生する途上でいったん精巣が発達して精子を産生して貯めておき，その後卵巣が産生する卵と受精させて産卵します。体は比較的太く，乳白色の卵で充満した体を赤黒い消化管が縦走します。肺で産み出された卵は気管を遡り，嚥下されて便とともに外界に出ます。外界に出た卵から孵化した幼虫は，湿潤な土中で直接発育と間接発育のいずれかをとります。直接発育では幼虫は2度脱皮して，感染できる第3期幼虫になります。間接発育では幼虫は4回脱皮をして1日ほどで自由生活世代の成虫となります。雌成虫は体内で卵が孵化し，幼虫は母体組織を食べて感染幼虫となり，母体を破壊して外に出ます。感染幼虫は両生類には経皮的に感染しますが，その際に被っていた第2期幼虫の角皮を脱ぎ捨てます。体腔に入ったあと，第4期幼虫を経て，肺に入って成熟します（**図 3-26**）。間接発育を発見したのは細胞

図 3-26　ラブジアス *Rhabdias* の生活環

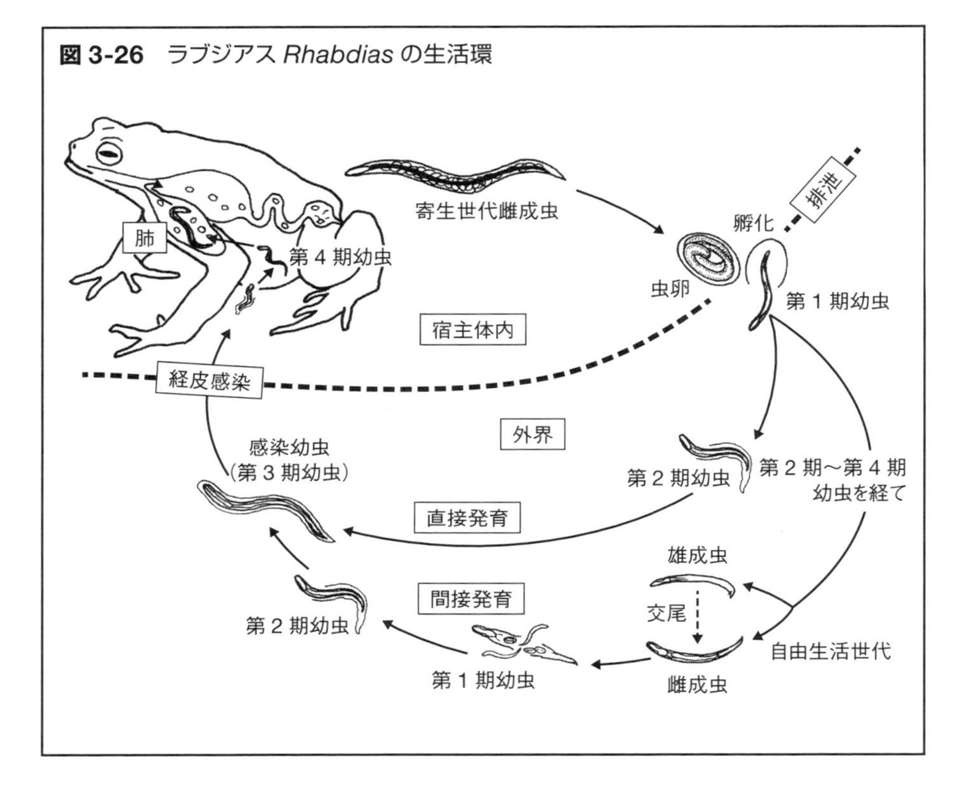

の食作用やヨーグルトの研究で有名なメチニコフです。

(2) 糞線虫（フンセンチュウ）属 *Strongyloides*：ラブジアスに似た生活環をしています。糞線虫の名称は，感染している人の糞便に線虫幼虫が排泄されるので名づけられたのですが，その幼虫の動きがウナギに似ているとして，eel worm とよばれることもあります。糞線虫 *S. stercoralis* は成虫がふつう十二指腸，ときに胃や気管にもみられます。寄生しているのは雌虫だけで，単為生殖を行います。成虫はきわめて細く，体長は 2.5 mm ほどで，食道はまっすぐで膨らみはありません。腸の円柱上皮内にトンネルをつくり，移動しながら産卵します。卵内で胚発生が進み，孵化した幼虫は腸腔へ出ます。この幼虫はラブジチス型食道をもっています。幼虫は糞便に混じって外界に出ます。その後，湿潤な土中で直接発育と間接発育のいずれかをとります。直接発育では幼虫は 2 度脱皮して，感染できる第 3 期幼虫になります。この幼虫はフィラリア型食道をもつため，フィラリア型幼虫とよばれます。間接発育では幼虫は脱皮をして自由生活世代の成虫となります。体長は雄 1 mm，雌 2 mm ほどで，食道は後部に球状部があります。雌は雄と交尾して産卵しますが，精子の遺伝子は子に伝わらないといわれます（糞線虫属の種によっては精子の遺伝子が伝わるとされます）。卵から孵化した幼虫は 2 度脱皮してフィラリア型幼虫となります。フィラリア型幼虫は，経皮的に感染します。感染後，幼虫は血管やリンパ管を経て肺に至り，肺胞内に出て気道をさかのぼり，嚥下されて十二指腸に定着します（**図 3-27**）。

糞線虫では上記の生活環に加えて，自家感染が起きます。これは腸内で幼虫が 2 回脱皮してフィラリア型幼虫となり，腸壁あるいは肛門周囲から感染する経路です。糞線虫に一度感染すると自家感染がわずかずつ起きるので，一生感染が持続する傾向があります。通常は糞線虫に感染していても無症状ないし軽い消化器症状程度ですが，免疫力が低下すると，自家感染が爆発的に起きて，播種性の糞線虫症となり，致死的になることがあります。糞線虫は熱帯・亜熱帯に分布し，日本では奄美以南に存在しますが，現在ではかなり少なくなっています。ヒトにはほかにサル糞線虫（サルフンセンチュウ）*S. fuelleborni fuelleborni* やケリー糞線虫（ケリーフンセンチュウ）*S. f. kellyi* が寄生します。ネズミやリス，ブタ，クジャクなどさまざまな動物に固有の種が寄生しています。糞便内に幼虫が出るのは糞線

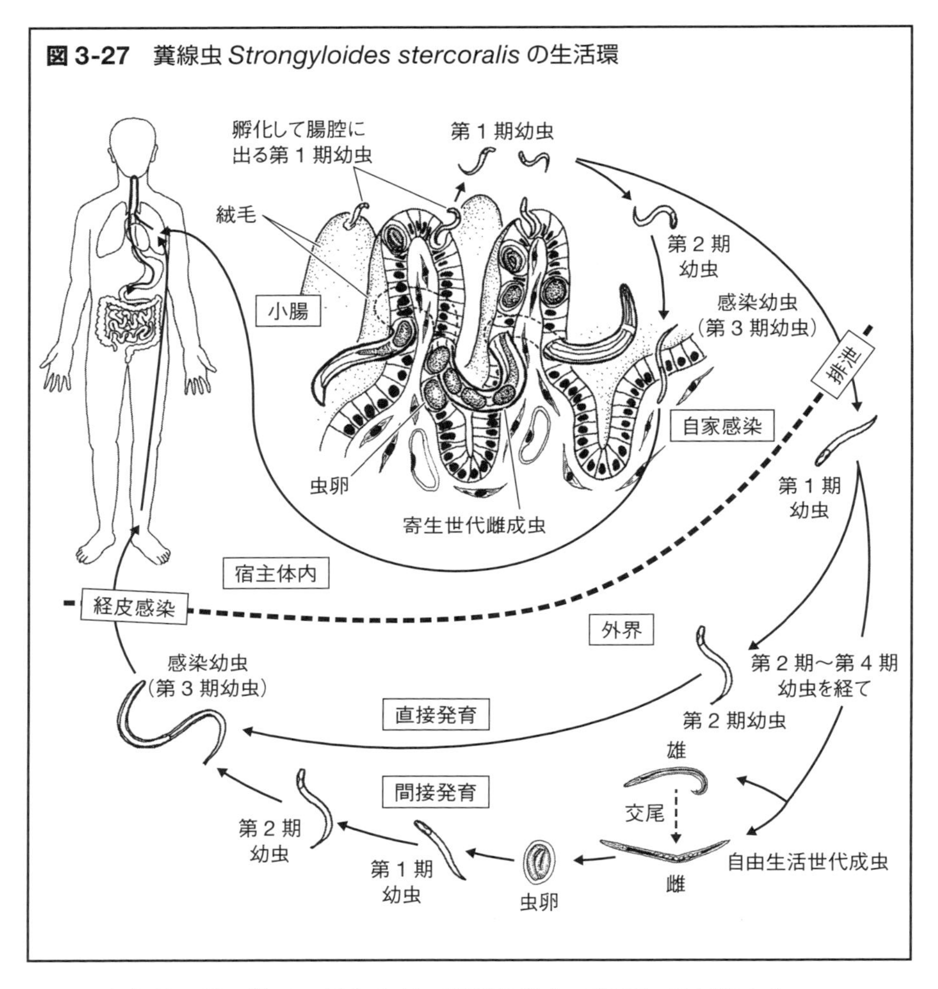

図 3-27　糞線虫 *Strongyloides stercoralis* の生活環

虫など一部の種で，ほとんどの種類は宿主の糞便に卵が出ます。

4.2 円虫目 Strongylida

雄の尾端に雌を把握する交接嚢をもち，すべて脊椎動物寄生性で，生活環に中間宿主が不要なものとミミズや腹足類を中間宿主にするものがあります。人畜の重要な寄生虫が含まれます。

(1)　鉤虫類 Ancylostomatoidea：哺乳類の小腸に寄生する体長 1 ～ 2 cm 程度の線虫で，大きい口腔をもち，そこに鉤や歯があって腸壁に咬着して吸血します。寄生する虫の数が多くなると失血量が増え，ひどい貧血となって死に至ります。ヒトに寄生する鉤虫としてズビニ鉤虫（ズビニコウチュウ）*Ancylostoma duodenale* とアメリカ鉤虫（アメリカコウチュウ）*Necator americanus* が代表的です。雌成虫は1日あたり7000～25000個の卵を産みます。卵は径50～60 µmで，湿潤な土中で発育し，ラブジチス型の食道をもった幼虫が孵化します。幼虫はバクテリアを食べて育ち，2回脱皮して感染幼虫となります。この幼虫はフィラリア型の食道をもち，第2期幼虫の角皮（被鞘）を被っています。感染幼虫は湿った土や濡れた植物上にいて，宿主が接触すると，被鞘を脱いで皮膚から感染します。幼虫はその後循環系を経て肺に運ばれ，肺胞に出て，気道をさかのぼり，嚥下されて小腸に至り成熟します。種類によっては経口感染が主とされます（**図3-28**）。また抵抗性のある宿主に感染した幼虫が発育を停止して組織内に留まり，妊娠や授乳の時期を待って経乳感染を起こしたり，外界の環境が好適になったときに発育を再開したりする現象が知られています。

(2)　毛様線虫類 Trichostrongyloidea：細長い線虫で，円虫目内で最多の種類が知られています。両生類，爬虫類，鳥類，哺乳類に知られ，ほとんどが消化管に寄生しますが，一部は胆管，鼻腔，乳腺などにみられます。中間宿主を必要としません。

(3)　変円虫類 Metastrongyloidea：中型の線虫で，哺乳類の肺や血管，前頭洞などに寄生します。肺に寄生するものは肺虫（ハイチュウ）と総称されます。中間宿主が必要で，多くは軟体動物腹足類ですが，ブタ肺虫（ブタハイチュウ）*Metastrongylus apri* ではミミズです。家畜の寄生虫として重要な種が多く含まれ，一部はヒトにも寄生します。広東住血線虫（カントンジュウケツセンチュウ）*Angiostrongylus cantonensis* はネズミの肺動脈に寄生する，2.5～3 cmほどの細い虫で，雌では白い生殖管と赤い消化管が交互にらせんを巻き，いわゆる理髪店の看板（バーバーマーク）を連想させます。国内ではかつて沖縄に多かったのですが，この線虫に寄生されたネズミが船舶に乗って港湾地域に侵入し，定着したため，現在は港湾地帯を中心に東北地方にまで広がっています。広東住血線虫が肺動脈内で交尾産卵すると，卵は肺の毛細血管に詰まり，孵化した第1期幼虫は肺胞内へ出て，気道を経て嚥下され，糞便に出ます。ネズミの糞便に汚染された植物が中間宿主のカタツムリやナメクジなどに食べられるとき，幼虫も

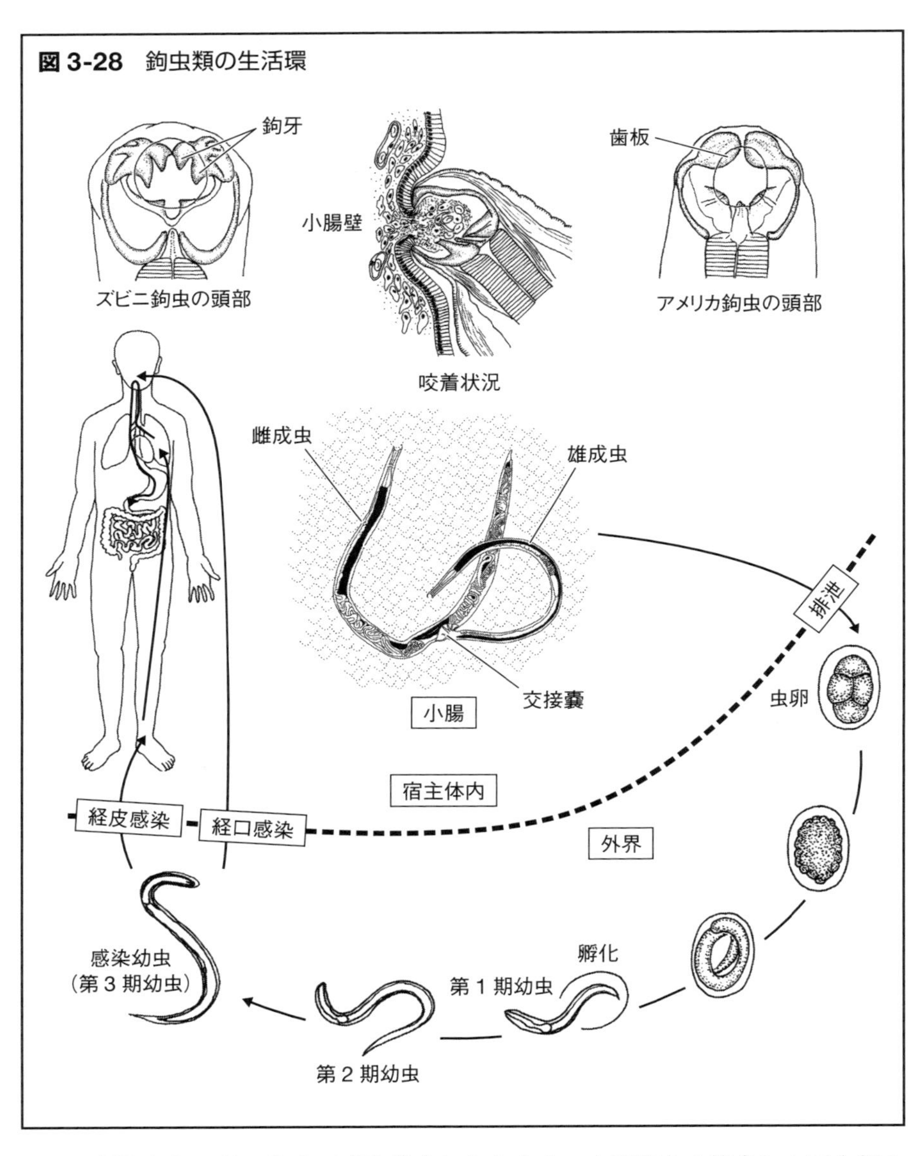

摂取され，その体内で感染幼虫になります。中間宿主を捕食した両生類や陸生カニ類，陸生ウズムシなどが待機宿主となります。この中間宿主をネズミが食べると，第３期幼虫は胃壁に入り，肝門脈や腸間膜リンパ系を経て，心臓から肺に至り，肺胞へ脱出し，肺静脈に侵入し左心から循環系に

乗って体の各所に運ばれ，感染後2，3日で大脳に至り，神経組織内で2回脱皮して幼若成虫になります。その後クモ膜下腔に入り，静脈に侵入して心臓から肺動脈に至ります（**図 3-29**）。ヒトに感染した場合は脳に至り，ある程度まで発育しますが，成熟成虫にはなりません。しかしその過程で好酸球性脳脊髄膜炎を起こし，重症例では失明や死亡に至ります。ヒトは生野菜などに付着した軟体動物や陸生ウズムシあるいはそれらから出た幼

図 3-29　広東住血線虫の生活環

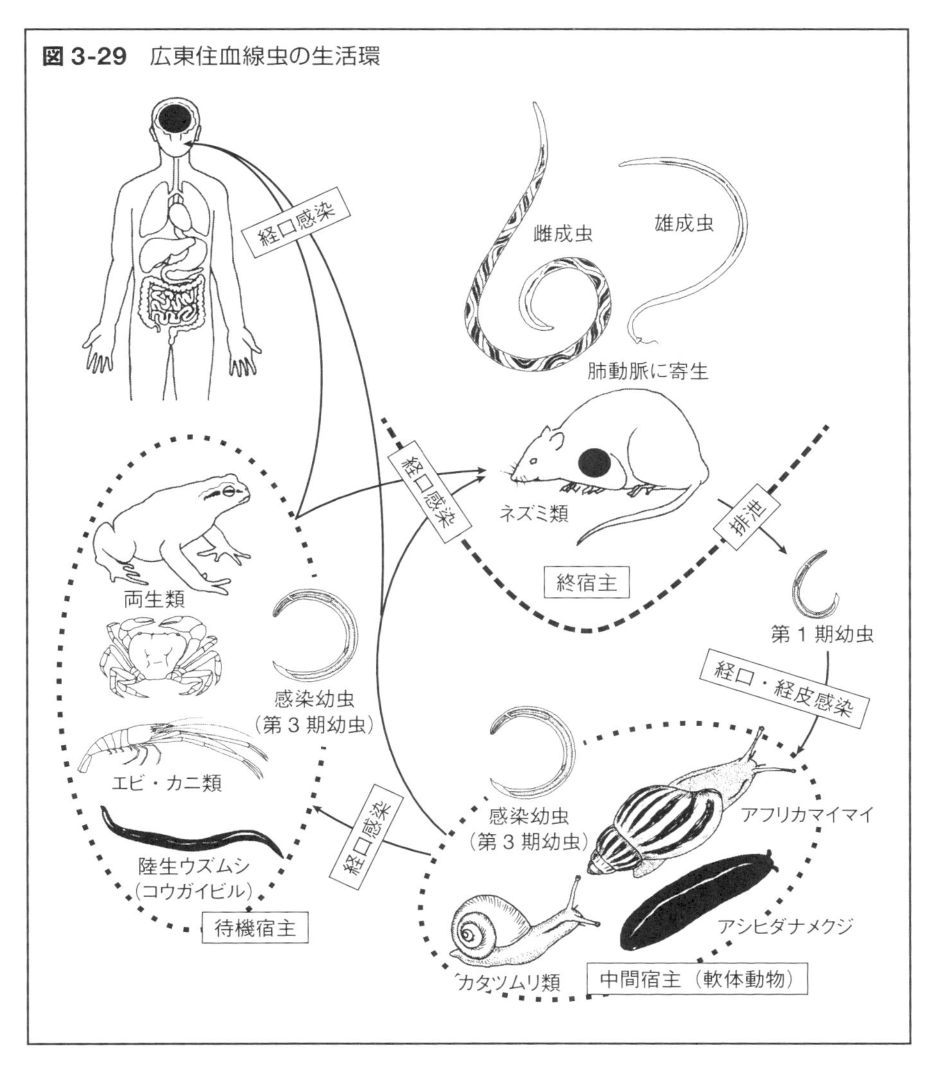

虫を摂取する場合や，民間療法でカエルやヒキガエルの肝臓，カタツムリやナメクジを生で摂取することで感染します。

4.3 回虫目 Ascaridida

回虫（カイチュウ）*Ascaris lumbricoides* の仲間にはヒトに寄生する回虫のほかにブタ回虫（ブタカイチュウ）*A. suum*，イヌ回虫（イヌカイチュウ）*Toxocara canis*，ネコ回虫（ネコカイチュウ）*T. cati*，タヌキ回虫（タヌキカイチュウ）*T. tanuki*，アライグマ回虫（アライグマカイチュウ）*Baylisascaris procyonis* など陸上哺乳類寄生のものだけでなく，海産哺乳類，鳥類，爬虫類，両生類，魚類まで多数の種類がいます。いずれも頭部に3唇をもつ中型から大型の線虫で，卵には卵殻の外側に蛋白膜をもつことが特徴です。回虫，ブタ回虫，イヌ回虫などのように，中間宿主を必要としないものは一部で，多くの種は中間宿主を必要とします。

(1) 回虫：寄生線虫の代表格で高校生物では必ず出てきますが，実際に生の虫体を見る機会は今日の日常生活ではまずありません。しかし今から50年前の日本では，ヒトにふつうに寄生している寄生虫でした。大型で体長は雄30 cm，雌35 cmに達し，小腸に寄生します（**図1-9**）。雌は1日約20万個の卵を産み，糞便に混じって外界に出た卵は湿潤な環境で卵の中で胚発生をして1回脱皮し，第2期幼虫となります（2回目の脱皮角皮を有する第3期幼虫とする研究者もいます）。この成熟卵（感染が可能な状態の卵）を経口的に摂取すると，腸で孵化した幼虫は腸壁の血管に入り，その流れに乗って肝臓に達し，そこで脱皮して第3期幼虫となり，心臓から肺動脈を経て肺に至り，肺胞へ出て気道をさかのぼり，咽頭から嚥下されて小腸に至り，2回脱皮して成虫となり，感染から70～80日前後で成熟します（**図3-30**）。回虫の成虫が小腸内にとどまる場合は比較的症状は軽いのですが，ときに痙攣性腸閉塞を起こします。また総胆管，気管などに迷入した場合はしばしば致死的となります。

(2) ブタ回虫：ヒトの回虫にもっとも近い種で，形態的に両者を分けることは困難です。しかし感染実験をすると，互いの宿主で成熟は可能ですが，寄生している期間が短いなどの差があり，それぞれ独立種とされています。ブタ回虫の成熟卵が人体に取り込まれた場合，孵化した幼虫が成熟せずに体内を移行し，肉芽腫を形成したりすることがあります（これを幼

図 3-30　回虫の生活環

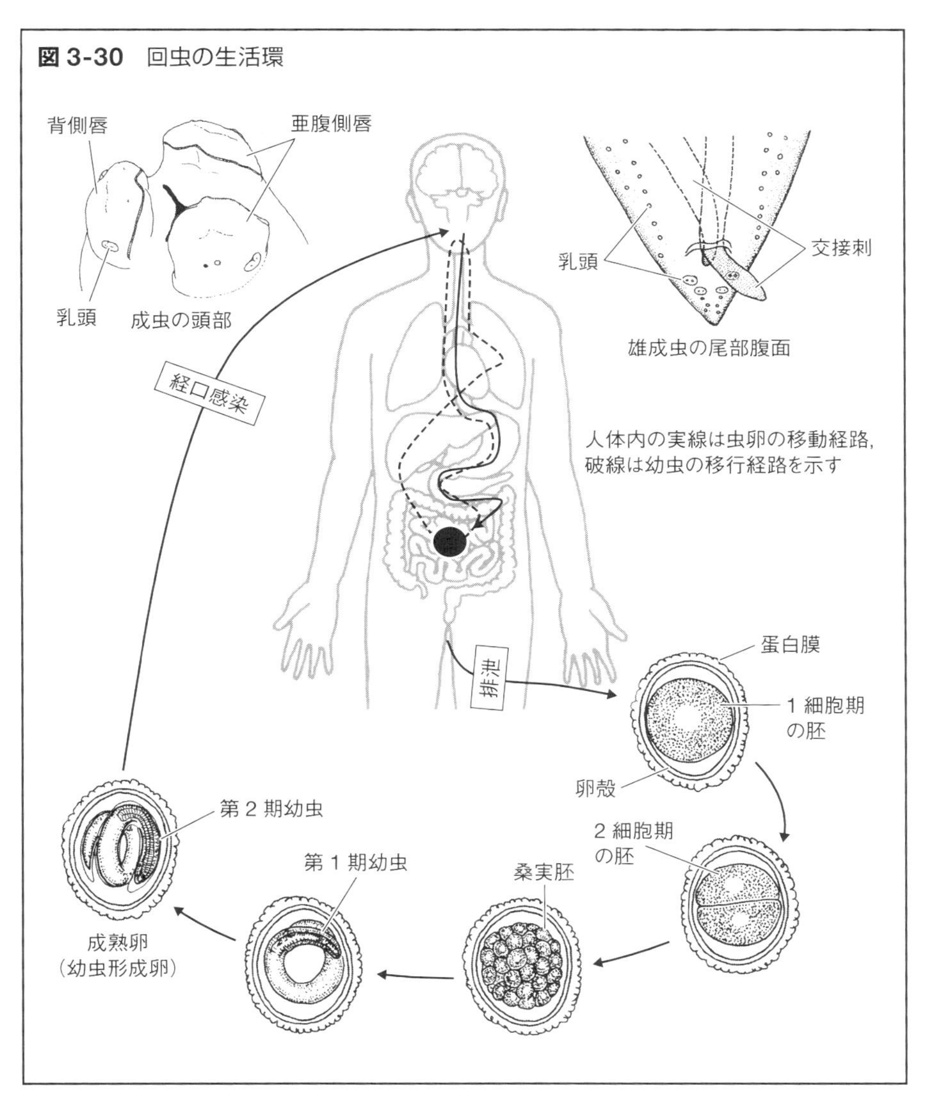

虫移行症とよびます）。さらにニワトリなどがブタ回虫の成熟卵を食べると肝臓に幼虫が移行し，そのようなニワトリの肝臓を生食することで，ヒトに感染することが知られています。

(3)　イヌ回虫：成虫がイヌの腸に寄生します。成虫の体長は雄 6 cm，雌 10 cm くらいです。頭部にヒト回虫にはない頚翼という張り出しがあります。生活環はヒトやブタの回虫と同様ですが，成犬では幼虫は成熟せずに組織内にとどまり，雌犬が妊娠するとその第２期幼虫が胎盤を経由して胎仔に移動して（経胎盤感染），胎仔の肝臓に入り，出産後に肺，気管を経て小腸に至って成熟します。また母犬の乳汁に第２期幼虫が入り，幼犬に感染すること（経乳感染）もあります。さらにイヌ回虫の成熟卵をヒト，ネズミ，ニワトリなどが摂取すると，肝臓，眼球，脳神経などに入り込んで幼虫移行症を起こします（**図 3-31**）。アライグマ回虫はもともと日本にはいませんでしたが，アライグマをペットとして輸入した際に一部について入り込んだ事例があります。この種はヒト，サル，ウサギ，リスなどに幼虫移行症を起こします。とくに中枢神経へ侵入する傾向が強く，国外ではヒトの致死症例も知られています。

(4)　アニサキス *Anisakis*：クジラやイルカの胃壁に頭を突っ込んで寄生する回虫です。排泄孔が亜腹側唇の間に開き，消化管に胃を有することが特徴です。宿主の糞便とともに海水中に出た卵は，水中で胚発生を行い，第２期幼虫の角皮を被った第３期幼虫が孵化して水中を遊泳します。それを中間宿主であるオキアミなどの甲殻類が食べると，体腔に入って発育します。この甲殻類が食物連鎖で待機宿主の魚やイカに食べられると，その体内で第３期幼虫としてとどまり，終宿主に食べられる機会を待ちます。第３期幼虫は頭部に穿歯が突出しています。待機宿主内では体長３cm ほどに成長しますが，脱皮はしません。終宿主は中間宿主や待機宿主を食べて感染します（**図 3-32**）。ヒトの回虫のように肺を経由することはなく，胃内でただちに穿歯を使って頭部を胃壁に穿入させ，２度脱皮して成虫となります。ヒトがアニサキスの第３期幼虫をもつ待機宿主を生食すると，幼虫は胃壁や腸壁に穿入します。ヒトの胃ではアニサキス類は成虫となることはできず，いずれ死滅します。しかし，穿入した虫体から分泌される物質に組織が反応して炎症と激痛を起こします。これがアニサキス症です。

魚類にみられるアニサキス幼虫には形態的にいくつかの型（I ～ IV 型）が知られていましたが，最近 DNA 解析によって I 型にはアニサキス・シンプレックス *A. simplex*，アニサキス・ペグレフィ *A. pegreffii* など数種が含まれていることがわかりました，アニサキス症を起こしているのはおもにアニサキス・シンプレックスのようです。II 型はマッコウクジラに寄生するアニサキス・フィゼテリス *A. physeteris*，III 型はアニサキス・ブレ

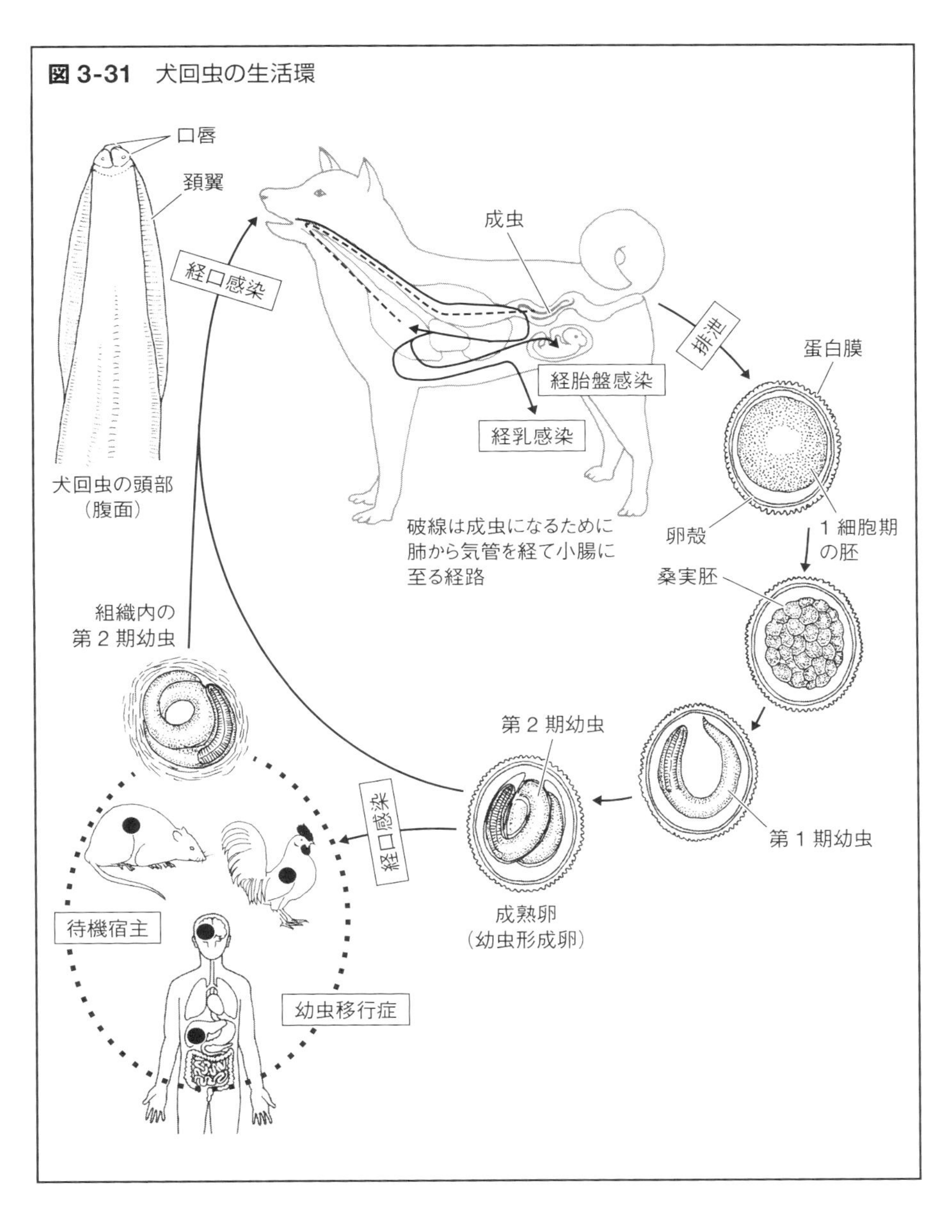

図 3-31　犬回虫の生活環

ビスピキュラ *A. brevispicula*，Ⅳ型はアニサキス・パッジエ *A. paggiae* とされています。アニサキスの仲間で同様の症状をヒトに起こすものとしてシュードテラノバ *Pseudoterranova decipiens*（慣用でテラノバとよぶこ

図 3-32　アニサキスの生活環

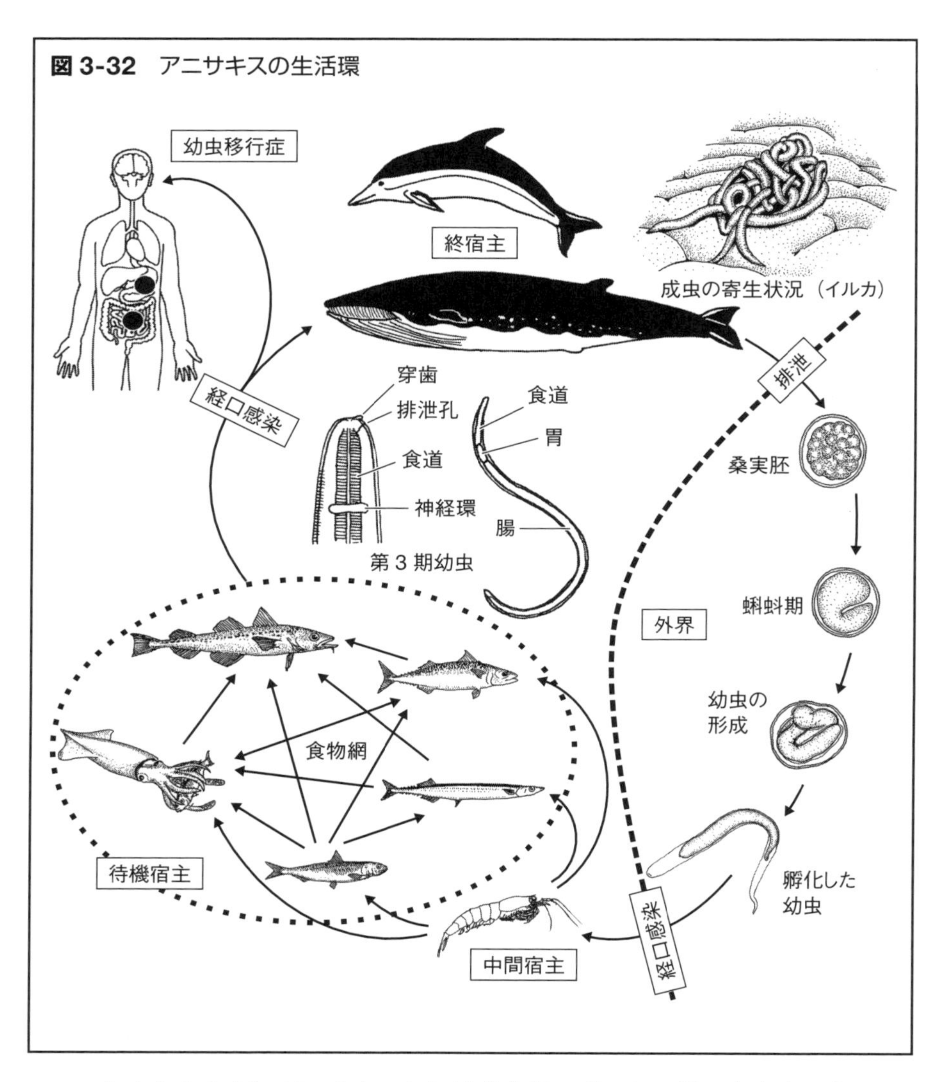

ともあります）がいます。これは成虫がアザラシの胃に寄生するもので，感染幼虫はアニサキスよりやや大きく，日本ではおもに北海道に分布します。

4.4 蟯虫目 Oxyurida

蟯虫はヒトの重要な寄生虫ですが，その仲間は哺乳類だけでなく，爬虫類や両生類などにもいます。頭部に3唇があり，食道後部が球状になっているのが特徴です。多くの種では虫卵はすぐに感染可能な状態になって経口的に感染し，中間宿主は不要です。種類によっては自家感染や逆行感染（肛門周囲に散布された虫卵が孵化して幼虫が肛門から感染する）が起きるとされ，莫大な数が寄生していることがあります。事実上生活環に宿主を離れる期間がないことが多く，ほかの宿主に感染しにくいので，宿主と密接な関係ができやすく，したがって宿主とともに進化（共進化）する傾向が強いといえます。前に述べたように，霊長類にはそれぞれ固有の蟯虫が寄生しています。ヒトに寄生する蟯虫にも人類がたどった歴史が秘められているはずです。蟯虫類には受精した卵からは雌が，受精しなかった卵からは雄が生じる，という特殊な性決定様式（半数性単為生殖）があります。これはオタマジャクシに寄生するギリニコーラ *Gyrinicola batrachiensis* という蟯虫類で最初に証明されたものですが，すべての蟯虫類にあてはまるようです。

(1) 蟯虫（ギョウチュウ）*Enterobius vermicularis*：現在の日本でまだふつうにヒトに寄生している寄生虫です。学校保健法では幼稚園や小学校低学年に毎年の検査を義務づけていました。お尻に粘着テープを貼って肛門周囲の卵を検出する方法です。しかし検出頻度が過去10年間1%以下となったということで，学校保健安全法施行規則が変更され，平成27年度限りで廃止となりました。蟯虫は小さく，成虫の体長は雄で4 mm，雌で10 mm程度です。食道には後端に球状部があります。宿主の盲腸から大腸にかけて寄生しています。頭端には3唇があり，頭部に膨大部（頭胞）があります。雄の尾部は腹側に曲がり，先端の曲がった交接刺が1本あります。雌成虫はヒトが寝ている間に肛門に這い出し，肛門周囲に数千～1万個ほどの卵を産みます。卵は柿の種子型で，大きさは60 µmほどです。検査でお尻に粘着テープをくっつけるのは，この卵を採取するためです。産卵後，内部の胚は数時間で感染できる状態になります。この卵を経口的に摂取すると感染します。雌虫が肛門周囲を這い回るときの刺激で肛門周囲に掻痒感が生じ，無意識に肛門周囲を掻いて指や爪に卵が付着し，指しゃぶりなどで口に入ります。卵は粘着性で，手をつないだりすることによって，相手の手指にくっつきます。またシーツや下着に多くの卵が散布されます。布団を上げたり，ベッドメーキングをしたりすると，卵はほこりとともに舞い上がり，吸引され，飲み込まれます。腸内で孵化した幼虫は腸粘膜に吸着して発育し，盲腸で成熟します（**図 3-33**）。成熟前にいったん腸壁内に侵入するようです。幼児・児童に検査が義務づけられていたために，小児の寄生虫と思われがちですが，成人にも寄生し，ときに1000個体を超す蟯虫が寄生していることがあります。そのような場合は大腸粘膜に炎症や潰瘍を伴います。

動物園などで飼育されているチンパンジーには，しばしばヒトの蟯虫がついています。じつは野生のチンパンジーには固有のチンパンジー蟯虫が寄生しているのですが，なぜか飼育されているものではチンパンジー蟯虫

図 3-33　蟯虫の生活環

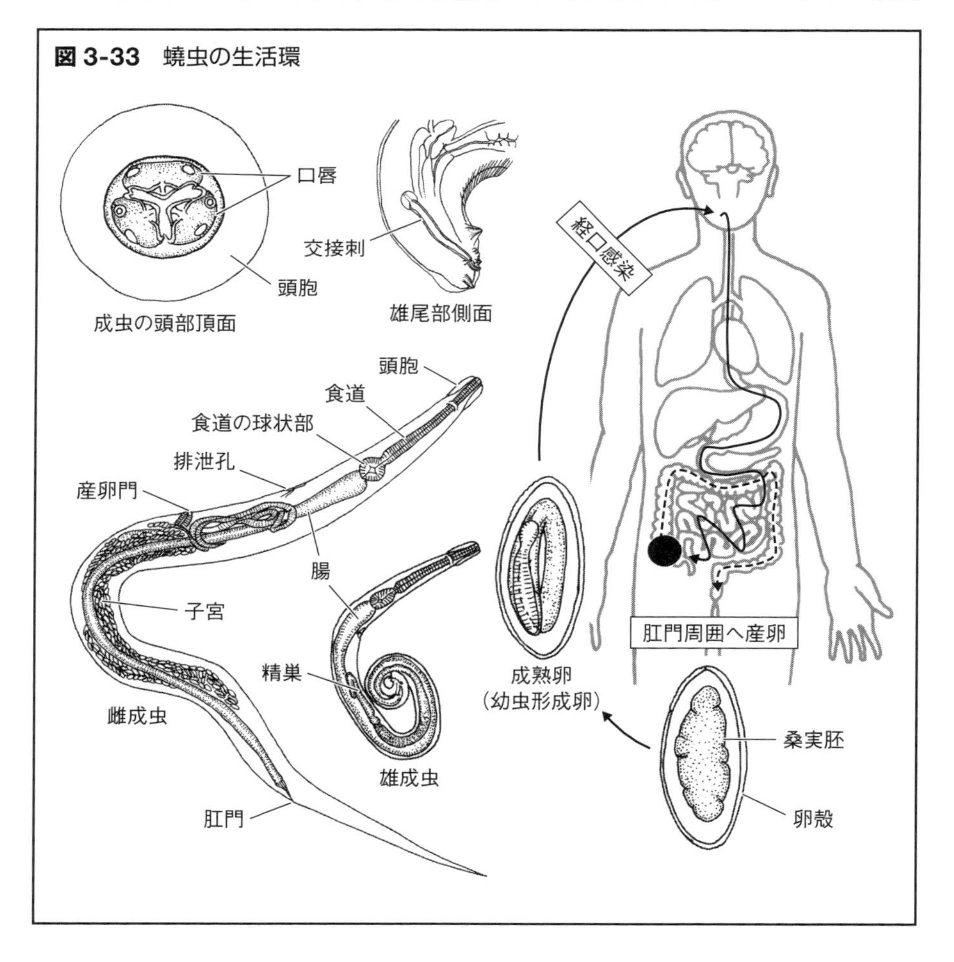

がいなくなり，代わりにヒトの蟯虫だらけになってしまいます。飼育環境のチンパンジーではヒトの蟯虫はたいへん増えやすく，そのためチンパンジーが死亡する事例が国内でもあとを絶ちません。ヒトでは蟯虫は病害性が低いとして，軽視されがちな寄生虫ですが，チンパンジーでは恐ろしい病原体になりうるのです。ごくまれにはヒトでも重篤な症状をおこすことがあります。

(2)　ネズミ蟯虫属 *Syphacia*：ラット（ドブネズミ）やクマネズミにはネズミ蟯虫（ネズミギョウチュウ）*Syphacia muris*，マウス（ハツカネズミ）にはネズミ盲腸蟯虫（ネズミモウチョウギョウチュウ）*S. obvelata*，カヤネズミにはカヤネズミ蟯虫 *S. vandenbrueli*，ハタネズミにはハタネズミ蟯虫 *S. montana*…というようにネズミの属ごとに固有の蟯虫が寄生しています。これらの蟯虫類も肛門周囲に卵を産み，それがすぐ感染できるようになって，毛繕いなどの際に感染します。実験用のマウスやラットにも感染していることがあり，駆除が困難なので嫌われます。

4.5 旋尾線虫目 Spirurida

頭部の唇が左右に2個あり（唇を欠くものもあります），食道が前方の筋質部と後方の腺質部に分かれているのが特徴です。雄の尾部がらせんに巻いている種が多いことからこの名がついています。生活環には中間宿主を必要とします。待機宿主が関与する場合も少なくありません。

(1)　美麗食道虫（ビレイショクドウチュウ）*Gongylonema pulchrum*：寄生虫は醜悪な生き物だという先入観をもつ人には理解できないことですが，この虫は「pulchrum 美しい」という名をもらっています。ウシやイノシシ，シカ，サルなどの食道や口腔の粘膜内にいる虫で，粘膜内を蛇行して寄生しています。まれにはヒトにも寄生します。この虫が産む卵は宿主の糞便とともに外界に出て，糞食昆虫に食べられます。その昆虫の中で孵化して体腔に入り，筋内で発育し，2回脱皮して感染幼虫になり，被嚢します。終宿主はこの昆虫を食べて感染します。消化管内で被嚢から出た幼虫は粘膜に入り，2度脱皮して成虫になります。*Gongylonema* 属にはネズミの食道や胃に寄生する *G. neoplasticum* が有名です。この線虫の種名は新生物（neoplasm）（＝がん）に由来しており，デンマークのフィビガーはこの虫が胃がんを起こすという発見で1926年のノーベル賞を受賞しました。

(2)　東洋眼虫（トウヨウガンチュウ）*Thelazia callipaeda*：成虫の体長10 mm前後のほぼ透明な虫で，イヌやヒトの眼の結膜嚢に寄生します。卵胎生で，幼虫は卵膜に包まれ，涙液に産下されます。ハエの仲間であるメマトイが涙液を摂取すると，幼虫が取り込まれます。一定期間後に第3期幼虫に発達し，メマトイが眼に止まるとき，吻から脱出して眼に入り，結膜嚢で成虫になります。ヒトの症例はおもに西日本にみられますが，しだいに関東地方でも発生するようになってきました。

(3)　顎口虫属 *Gnathostoma*：人体に顎口虫症という幼虫移行症を起こすことで有名な線虫です。成虫は頭部に棘を列生した頭球をもち，体表にも多くの棘をそなえています。成虫は哺乳類の胃に寄生し，そこで産卵するので，卵は宿主の糞便に排泄されます。これが水中に入ると中に幼虫が形成され，孵化して水中を遊泳します。これを中間宿主であるケンミジンコが食べると，その体内で幼虫が発育します。この幼虫をもったケンミジンコが待機宿主である魚類や両生類，爬虫類，哺乳類に摂取されると，筋肉内などに留まって終宿主に摂取されるのを待ちます。終宿主に経口摂取されると，いったん胃壁などに侵入し，脱皮して成虫となります（**図3-34**）。顎口虫類は線虫としては例外的に第4期が成虫と考えられています。日本には有棘顎口虫（ユウキョクガッコウチュウ）*G. spinigerum*（ネコ寄生），剛棘顎口虫（ゴウキョクガッコウチュウ）*G. hispidum*（ブタ寄生），ドロレス顎口虫 *G. doloresi*（イノシシ寄生），日本顎口虫（ニホンガッコウチュウ）*G. nipponicum*（イタチ寄生）が知られており，淡水魚，カエル，ヘビなどに幼虫がいて，ヒトがこれらを生食すると幼虫移行症を起こします。終戦後には有棘顎口虫症の流行があり，1980年代には剛棘顎口虫の人体症例が続発しましたが，現在の日本ではこれらをみることはほとんどなく，人体症例の多くはドロレス顎口虫によるものと考えられます。

(4)　メジナ虫（メジナチュウ）*Dracunculus medinensis*：インド，中東やアフリカに分布し，足に痛みのある潰瘍をつくる虫として古来から知られています。ヒトなど哺乳類の四肢の皮下に寄生し，体長は雌で1 mに達します。雌虫は成熟すると宿主の皮膚，ヒトではとくに下肢末端に潰瘍をつくり，その部分が水に入ると雌虫は幼虫を水中に放出します。幼虫は長い尾をもち，水中を遊泳します。これをケンミジンコが餌と誤って摂取す

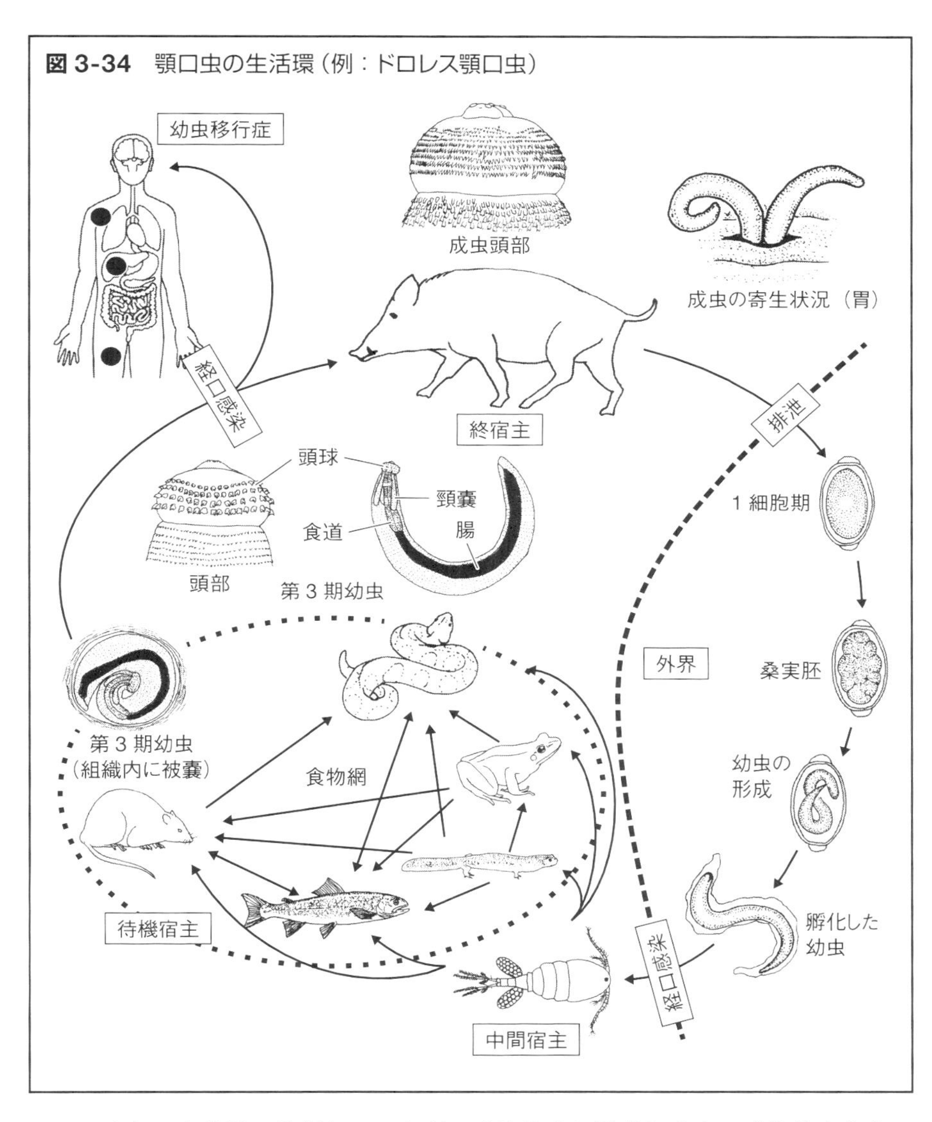

図 3-34 顎口虫の生活環（例：ドロレス顎口虫）

ると，血体腔へ移行して，やがて感染幼虫に発育します。感染幼虫をもつケンミジンコが混入した生水を飲用すると，感染して組織に入り発育します（**図 3-35**）。オオサンショウウオの皮膚に潰瘍をつくるカメガイネマ *Kamegainema cingula* もメジナ虫に近い種類で，ケンミジンコを中間宿主に，魚類を待機宿主にしているようです。また魚類の鰭などに寄生する

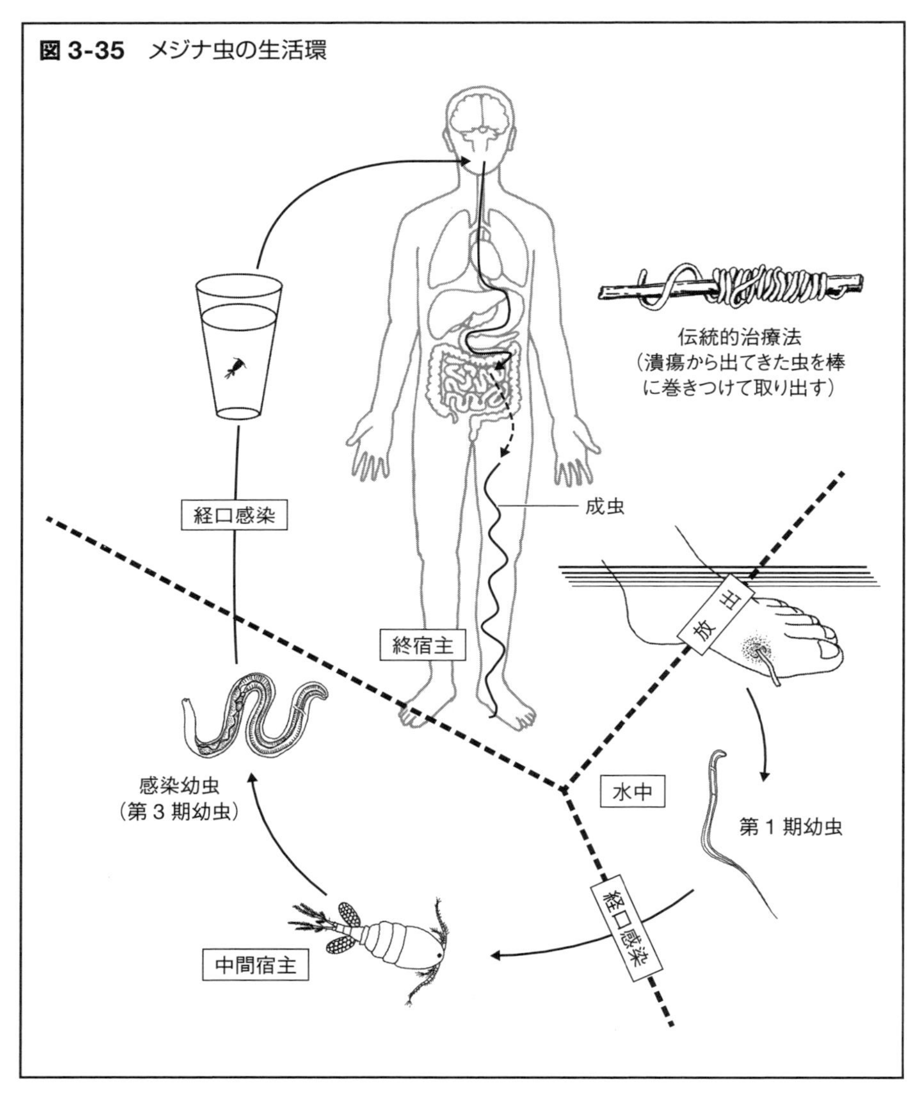

図 3-35　メジナ虫の生活環

フィロメトラ *Philometra* も同様の生活環をしています。

(5)　バンクロフト糸状虫（バンクロフトシジョウチュウ）*Wuchereria bancrofti*：糸状虫をフィラリアともいいます。体が細長く糸状のためこの名があります。ヒトの糸状虫の代表格が熱帯から温帯に分布する本種です。リンパ管内に成虫が寄生し，体長は雄 4 cm，雌 10 cm ほどです。成虫の寄生によって熱発作が起き，またリンパの流れがうっ滞することで四肢や陰嚢に組織の著しい肥厚が起き，ついに象皮病とよばれる状態に至ります。陰嚢水腫は巨大化し，自身で移動することもできなくなることがあります。現在の日本では根絶されていますが，バンクロフト糸状虫はかつて日本各地に分布し，葛飾北斎は二人がかりで陰嚢を担ぐ様子を描いていますし，西郷隆盛はこれによる陰嚢水腫で乗馬できなかったといわれます。バンクロフト糸状虫は卵胎生で幼虫を産みます。この幼虫はミクロフィラリアと

図 3-36　バンクロフト糸状虫の生活環

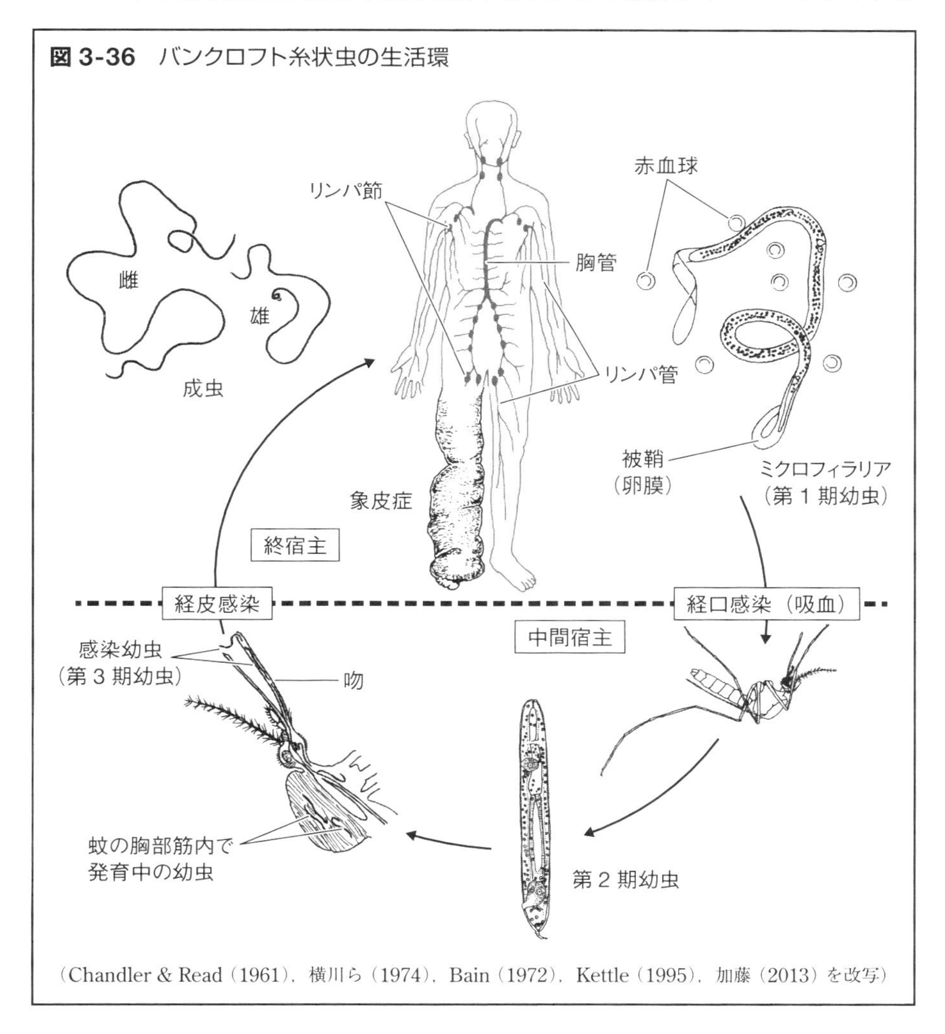

（Chandler & Read（1961），横川ら（1974），Bain（1972），Kettle（1995），加藤（2013）を改写）

よばれ，卵膜が伸びた被鞘を被っており，血液中を遊泳します。ミクロフィラリアには夜間に末梢血に出現する性質があり，媒介昆虫（アカイエカなどの蚊）が夜間吸血性であることに関係しています。蚊が吸血するとその体内に入り，ヒトに感染できるまで発育します。感染幼虫は蚊がヒトを吸血するとき，吻から脱出し，蚊が刺した傷口から侵入し，発育しながらリンパ管へ移行して成熟します（**図 3-36**）。

(6) イヌ糸状虫（イヌシジョウチュウ）*Dirofilaria immitis*：現在の日本で重要な糸状虫です。イヌの心臓にふつうにみられ，多数寄生するとイヌを死亡させます。中間宿主はトウゴウヤブカなどの蚊です。イヌ糸状虫の感染幼虫をもった蚊に刺されると，ヒトも感染します。ヒトに寄生した場合は成熟虫になることはありませんが，肺や乳房に腫瘤をつくることがあるので，肺がんや乳がんなどほかの疾患と疑われます。また近年はイノシシなど野生動物由来のオンコセルカ属 *Onchocerca* 糸状虫にヒトが寄生される症例が西日本で続発しています。なおオンコセルカ属ではアフリカや中南米で失明を起こす回旋糸状虫（カイセンシジョウチュウ）*Onchocerca volvulus* が有名です。

column

寄生虫は美しいか？

115 ページで紹介した美麗食道虫は学名 *Gongylonema pulchrum* の種小名 *pulchrum*‘美しい’を訳したものです。美しいという名前を貰っている寄生虫は，他にヒキガエルの腸にいる線虫コスモセルコイデス *Cosmocercoides pulcher* などいくつもあります。また *elegans*（優美な）や *formosus*（美しい），*ornatus*（立派な）などの名をつけられている寄生虫も多数あります。寄生虫を醜悪なものと考える人には理解しがたいことですが，寄生虫を研究していると，その形の精妙さに，美しいと感じてしまうことがあります。コスモセルコイデスの雄尾部には菊花状乳頭がずらりと並んでいて，確かに美しいと思います。一方，*Necator*（殺し屋）とか *deletrix*（破壊的な）というものはありますが，「汚い」とか「醜い」といった意味の学名をつけられた寄生虫は思い当たりません。国際動物命名規約に「何らかの観点において無礼な感覚を与えそうな学名の提唱をすべきではない」という倫理規定があることにもよりますが，何よりも研究者が寄生虫に愛着を持っているからではないでしょうか。

研究者は生物を新種として記載する際に，その特徴から学名をつける場合が多いのですが，誤った観察で命名してしまうことがあります。有名な例は鞭虫属 *Trichuris* で，その意味は‘細い尻尾’です。鞭虫は頭部の方が糸状に細いのですが，この名称が提案された 1761 年頃はまだ顕微鏡も未発達で，虫の頭と尻尾を間違えたのです。1788 年にはその誤りを正すべく‘細い頭’という意味の *Trichocephalus* という名前が提唱されました。しかし命名規約上はたとえ誤った観察に基づいた名称でも先取権があるとして現在は *Trichuris* が使われます。

このように学名は誤ってつけられてもそれが残るのが原則ですが，綴りが変えられる場合もあります。ズビニ鉤虫はイタリアの Dubini（1843 年）によってはじめ *Agchylostoma duodenale* と記載されました。属名を発音しようとすると舌を噛みそうになりますが，ズビニ鉤虫の形態と生活環についての Looss の大著（1911 年）でもこの綴りが使われています。ギリシャ語の agchylos（曲がった）と stoma（口）をつなげてつくったものですが，ラテン語化した連結形は ancylo- が正しいので，後に *Ancylostoma* とすっきり読める綴りになりました。

4.6 エノプルス目 Enoplida

自由生活をする種が多いのですが，寄生性のものとして鞭虫，毛細虫，旋毛虫などを含みます。寄生性のものでは一部を除いて数珠状の細胞（スチコソーム）が食道をとりまくことが特徴です。

(1) 鞭虫属 *Trichuris*：体の前 2/3 が細く鞭状になっており，この部分を盲腸や大腸の壁に挿入して吸血します。ヒトには鞭虫（ベンチュウ）*Trichuris trichiura*，イヌにはイヌ鞭虫 *T. vulpis*，ネズミにはネズミ鞭虫 *T. muris* が寄生するというように，多くの種が知られています。きわめて多数の虫体が寄生すると直腸脱を起こします。卵はレモン型で両端に栓をもつ特有の形をし，糞便とともに外界に排泄されると，湿潤な環境下で内部に感染幼虫を形成し，飲食物や塵埃に混じって経口的に摂取され，腸に定着します（**図 3-37**）。

(2) 肝毛細虫（カンモウサイチュウ）*Calodium hepaticum*（＝肝毛頭虫

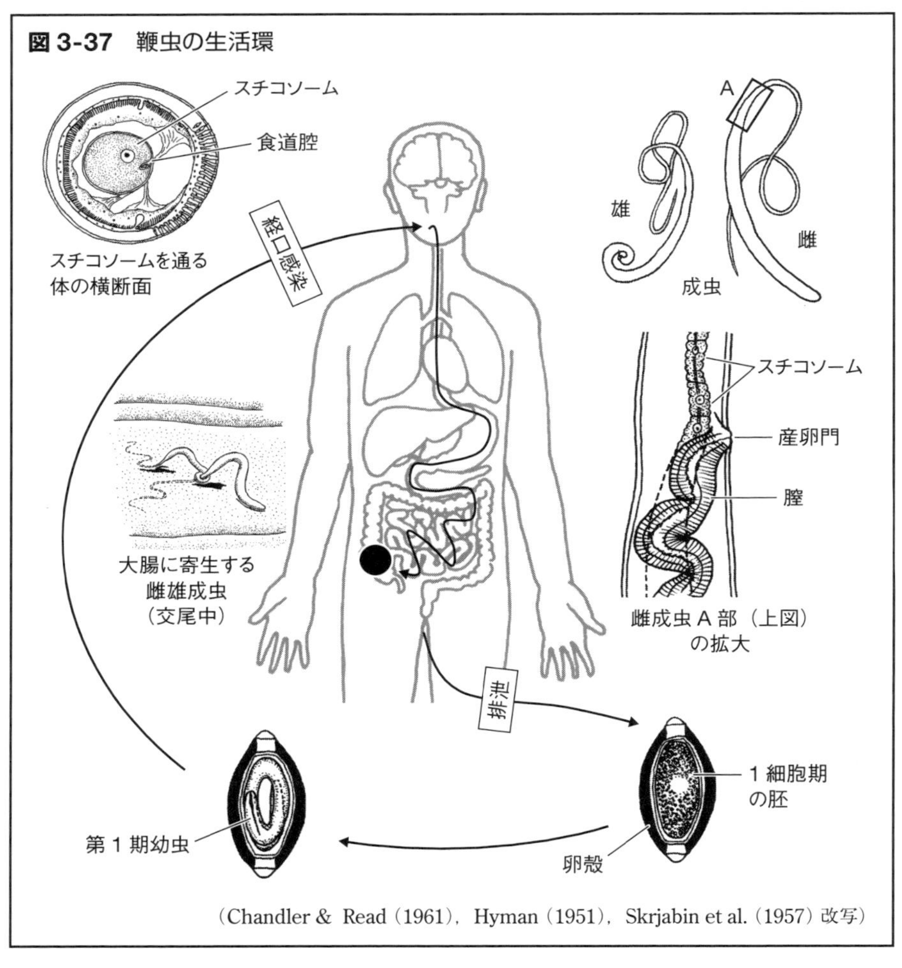

図 3-37　鞭虫の生活環

（Chandler & Read（1961），Hyman（1951），Skrjabin et al.（1957）改写）

Capillaria hepatica）：哺乳類の肝臓実質に寄生し，とくにネズミにふつうに寄生しています。肝臓に産みつけられた卵はそのままでは次の宿主に感染することはできません。通常はネコがネズミを食べ，消化されたネズミの肝臓から遊離した卵がネコ糞便とともに外界に出て，内部に感染幼虫が形成されたのち，飲食物とともに宿主に摂取されることにより感染します。またネズミ同士の共食いや，死んだネズミが腐敗融解することによっても卵が外界に出るようになります。日本では画像診断技術が普及したことにより，この線虫に感染していることがわかる人体症例が散発してい

ます。

(3) 旋毛虫（センモウチュウ）*Trichinella spiralis*：哺乳類の筋肉に幼虫が寄生し，その肉を摂取することによって感染して，旋毛虫症を起こします。ヨーロッパや北米では古くから知られた疾病で，豚肉を感染源とすることが多いのですが，日本では東北地方で1970年代に熊肉を不完全調理食して集団感染した事例が最初で，以後散発的に発生しています。生きた

図 3-38 旋毛虫の生活環

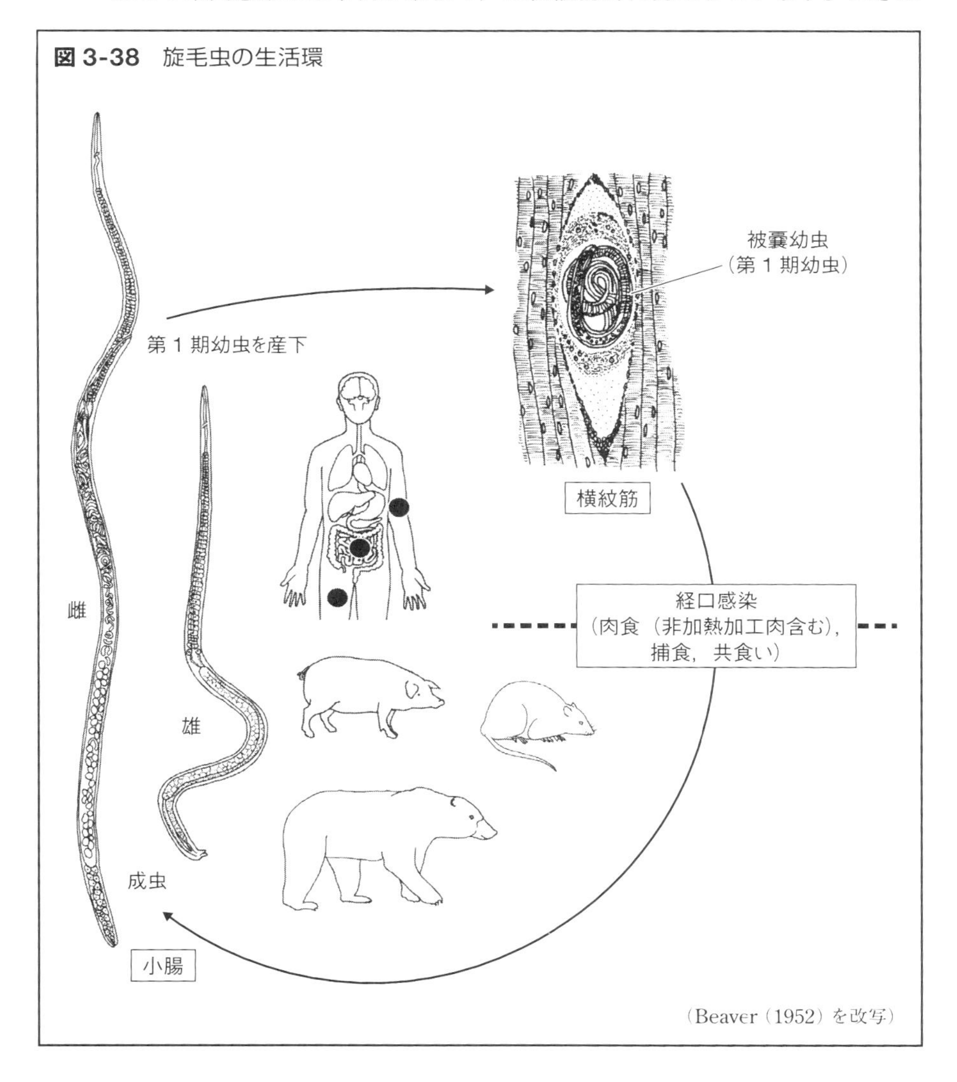

（Beaver（1952）を改写）

幼虫を含む獣肉を不完全調理で摂取すると，腸壁内に侵入して成虫となります。非加熱のソーセージや不完全冷凍の肉なども感染源となります。成虫は雄 1.5 mm，雌 3 ～ 4 mm と小型で細く，腸上皮内を移動しながら，交尾し，雌は胎生で幼虫を産みます。この幼虫は血液やリンパ液に乗って横紋筋に至り，被嚢します（**図 3-38**）。筋肉内の幼虫数が多いと重篤な症状を起こし，死亡することもあります。

図 3-39　腎虫の生活環

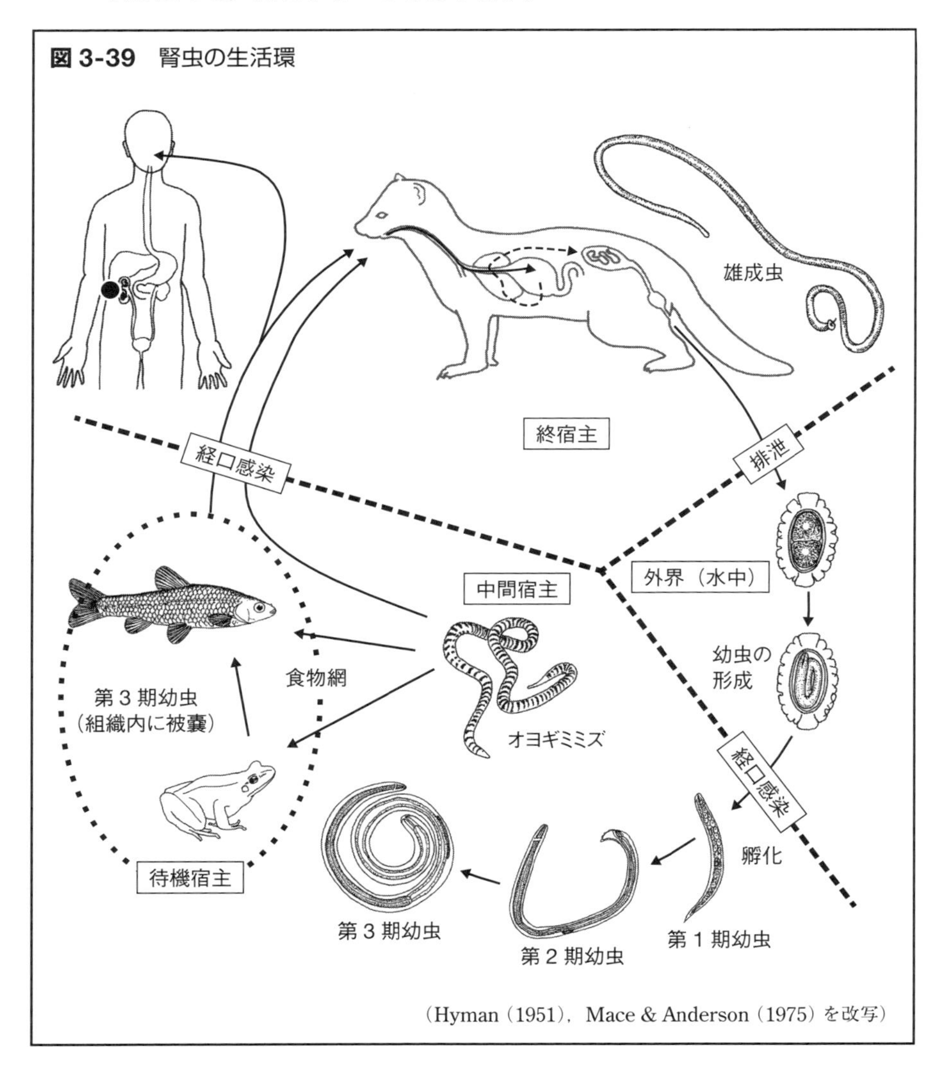

（Hyman（1951），Mace & Anderson（1975）を改写）

(4) 腎虫（ジンチュウ）*Dioctophyme renale*：テン，イヌ，ネズミなどの腎や腹腔に寄生する大型の線虫です。スチコソームを有しません。生きている虫体は血紅色で，雌の体長は1 m に達することがあります。人体に寄生することはまれですが，寄生すると腎を破壊するために致死的になることがあります。卵は尿内に排泄され，これを淡水生のオヨギミミズが摂取すると，血管内で感染幼虫になります。この感染幼虫はそのままでも終宿主に感染できますが，通常はオヨギミミズが待機宿主となる魚類や両生類に摂取されて，幼虫がそれらの体内に移り，終宿主に食べられる機会を待ちます。終宿主に摂取されると，胃で遊離した虫体は胃壁から肝臓に入り，体内を移行して腹腔から腎に至ります（**図 3-39**）。
(5) 糸片虫（シヘンチュウ）類：幼虫が昆虫に寄生し，十分に育つと昆虫を離脱して，土中や水中に入り，交尾産卵します。メルミス *Mermis* など多くの属があります。孵化した幼虫は植物上で昆虫に侵入する機会を待ちうけます（卵が昆虫に食べられて感染する種類もあります）。昆虫体内の幼虫はしばしば10 cm 以上に達して，昆虫の栄養を奪うため，昆虫は糸片虫が離脱したあとに死にます（**図 3-40**）。この生活環を利用して糸片虫を害虫の生物防除に利用する試みがされています。

図 3-40　トノサマバッタ体腔に寄生する糸片虫

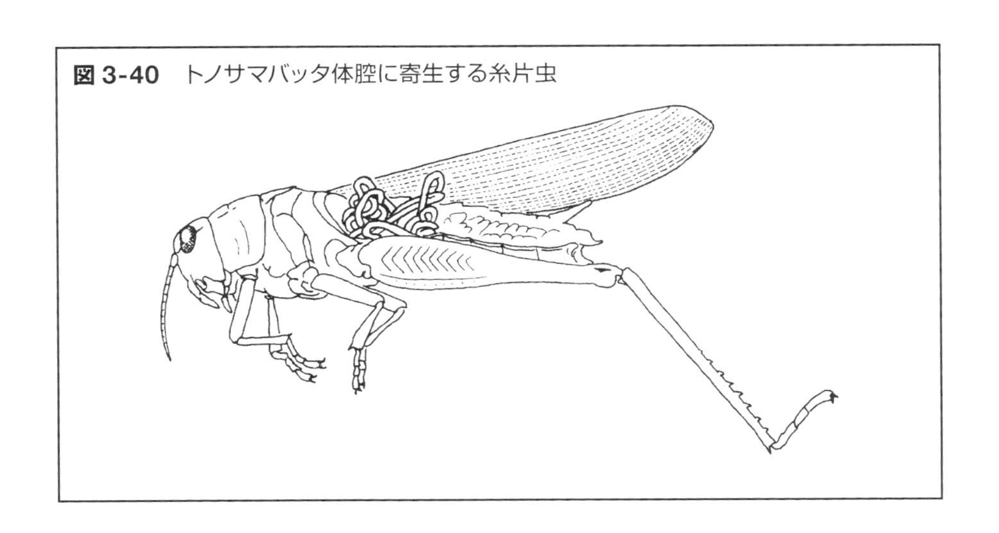

5 類線形動物門
Nematomorpha

いわゆるハリガネムシとよばれる仲間で，カマキリなどに寄生するものが黒褐色で，針金を想起させることから名づけられました（**図 3-41**）。寄生しているのは幼虫で，その成長が終わると，宿主から水中へ脱出して成虫となります。このときハリガネムシは宿主の行動に影響を与え，水に近づいたり落下しやすくなったりするとされています。成虫の体長は 30 cm に達しますが，消化管はほとんど機能しないようです。交尾後，雌は卵紐を放出します。卵は発生して幼虫が孵化し，これが中間宿主となる水生昆虫に食べられると血体腔に侵入し，被嚢します（幼虫が自ら昆虫に侵入するという説もあります）。水生昆虫はハリガネムシの幼虫を体内に宿したま

図 3-41　ハリガネムシ

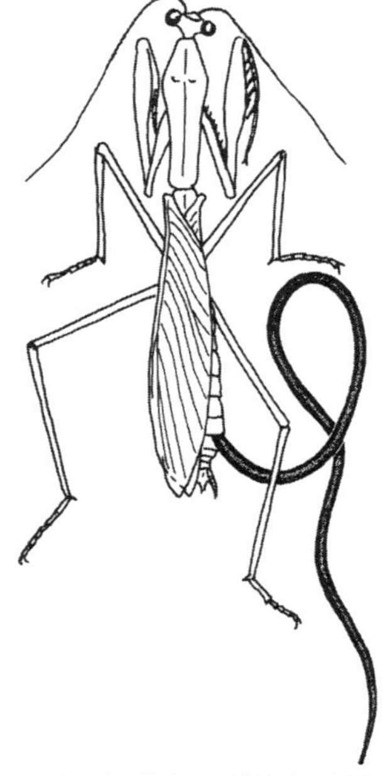

カマキリ腹部から脱出する幼虫

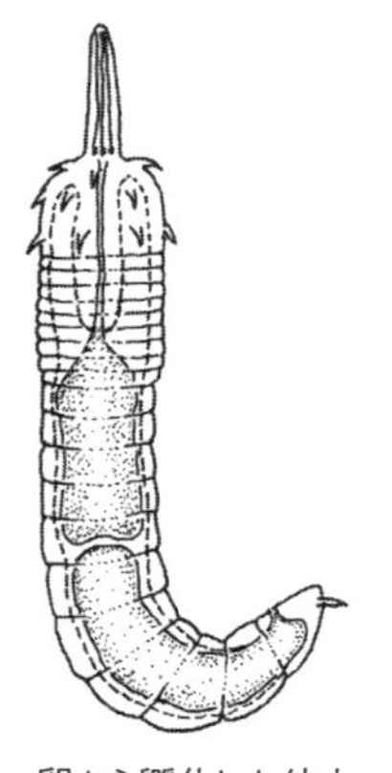

卵から孵化した幼虫

（井上（1965），Margulis & Schwalz（1998）を改写）

ま羽化し，それがカマキリに捕食されると，カマキリの体内で成長します。

6 鉤頭動物門 Acanthocephala

鉤頭虫の雄は後端に交接嚢が翻出し，雌の陰門は後端に開きます。産卵された受精卵は鉤幼虫 acanthor を内包しており，終宿主の糞便とともに外界に出て，中間宿主の節足動物（おもに昆虫類と甲殻類）に食べられると，アカンテラ acanthella を経て被嚢し，シスタカンス cystacanth となります。これを終宿主が食べると，腸で成長し，交尾・産卵します。またシスタカンスをもった節足動物が待機宿主の魚類，両生類や爬虫類に食べられると，シスタカンスはそのまま体内で被嚢し，終宿主に食べられる機会を待つことも多くみられます。

大鉤頭虫（ダイコウトウチュウ）*Macracanthorhynchus hirudinaceus* はイノシシやブタに寄生する大型の種で，雌成虫の体長は 65 cm に達します。糞食甲虫などが中間宿主となります。また鎖状鉤頭虫（サジョウコウトウチュウ）*Moniliformis moniliformis* はネズミに寄生する種で，体にくびれが多く，雌成虫は体長 25 cm ほどで，ゴキブリが中間宿主となります（**図 3-42**）。これら 2 種の鉤頭虫はまれにヒトに寄生することがあり，とくに大鉤頭虫は腸穿孔を起こした例があります。さらに海産魚の生食によって，クジラを固有宿主とするボルボソーマ *Bolbosoma* などのシスタカンスがとりこまれ，一時的に寄生することがあります。

7 環形動物門 Annelida

一般に細長い体に環状の体節があり，消化管をもちます。ミミズ（貧毛類），ゴカイ（多毛類），ヒル（蛭類）に分けられます。ミミズやゴカイの仲間はほとんどが土中や水中で自由生活をしていますが，一部は寄生性で，甲殻類の体表やエラに寄生するものなどがいます。ミズミミズの仲間アロデロ *Allodero* sp. はカエルの輸尿管に寄生し，日本でも沖縄のカエルから記録されています。寄生している虫体では生殖器官は発達していません。

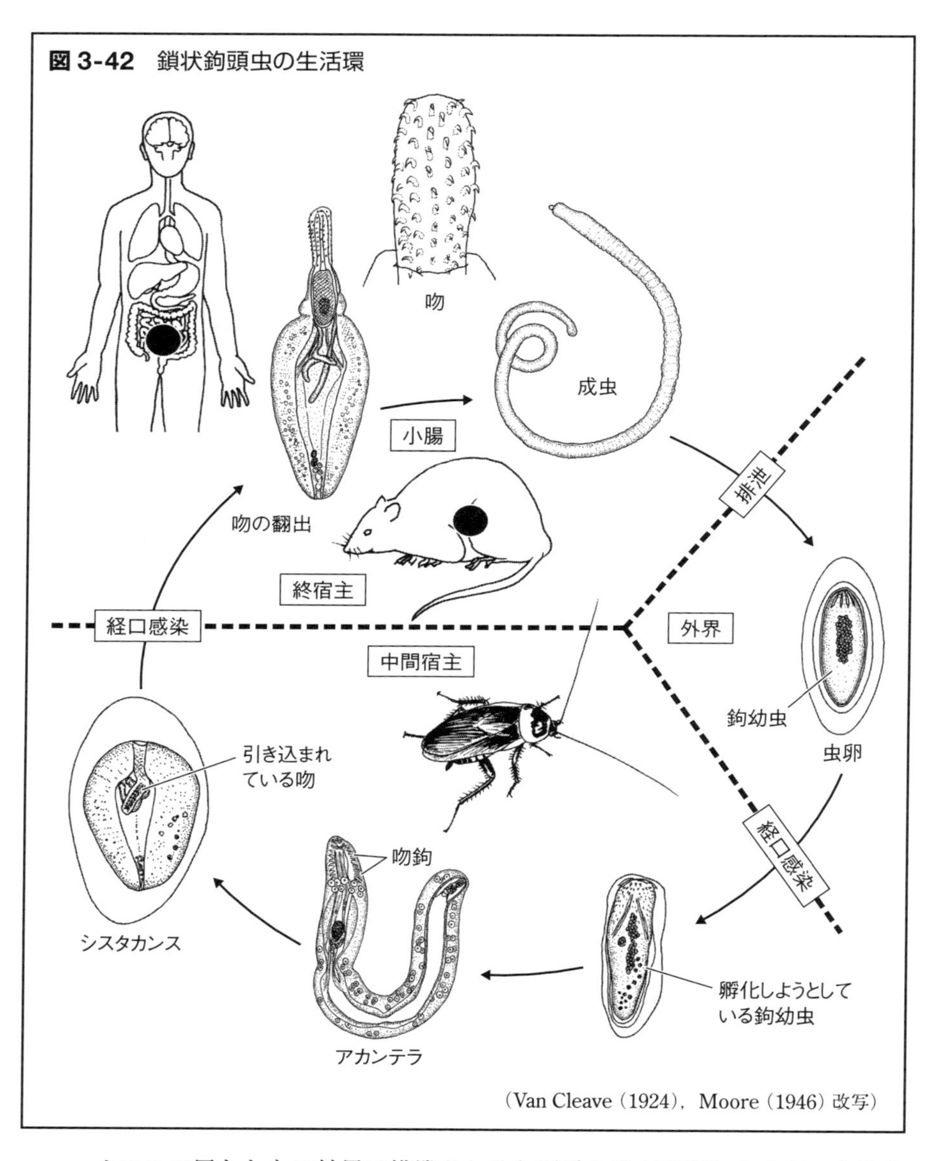

図 3-42 鎖状鉤頭虫の生活環

（Van Cleave（1924），Moore（1946）改写）

カエルの尿とともに外界に排泄されると剛毛や鰓が発達しますが，有性生殖は確認されておらず，無性的に分裂して増え，カエルの尿に誘引されてカエルの総排泄腔から侵入します。カエルに対する病害性はあまりないようですが，多数が寄生した場合は輸尿管が破裂し，致死的となるとされます。またゴカイの仲間にはほかのゴカイに寄生するものやウニや二枚貝に寄生するものなどが知られています。

ヒルは捕食性あるいは吸血性の動物で，陸，淡水，海水に多くの種が生息しています，その1/4は無脊椎動物を捕食し，3/4は無脊椎・脊椎動物の血液を吸います。一般に体は背腹に扁平で，前後端に吸盤をもち，前端の小さい吸盤内に口が開き，後端の大きい吸盤で体を固定します。吸血性の種は口部の歯で皮膚を傷つけ，唾液に含まれるヒルジンで血液凝固を防ぎながら吸血します。水田や川沼にいるチスイビル *Hirudo nipponica* や陸生のヤマビル *Haemadipsa zeylanica*（**図 3-43**）は人畜を吸血します。チスイビルは農薬の使用でまれになりましたが，ヤマビルは近年シカの分布拡大とともにヒトへの吸血被害が広がって問題になっています。ヒルの一部は内部寄生性です。ハナビル *Dinobdella ferox* はヒトを含むさまざま

図 3-43 吸血性ヒル類

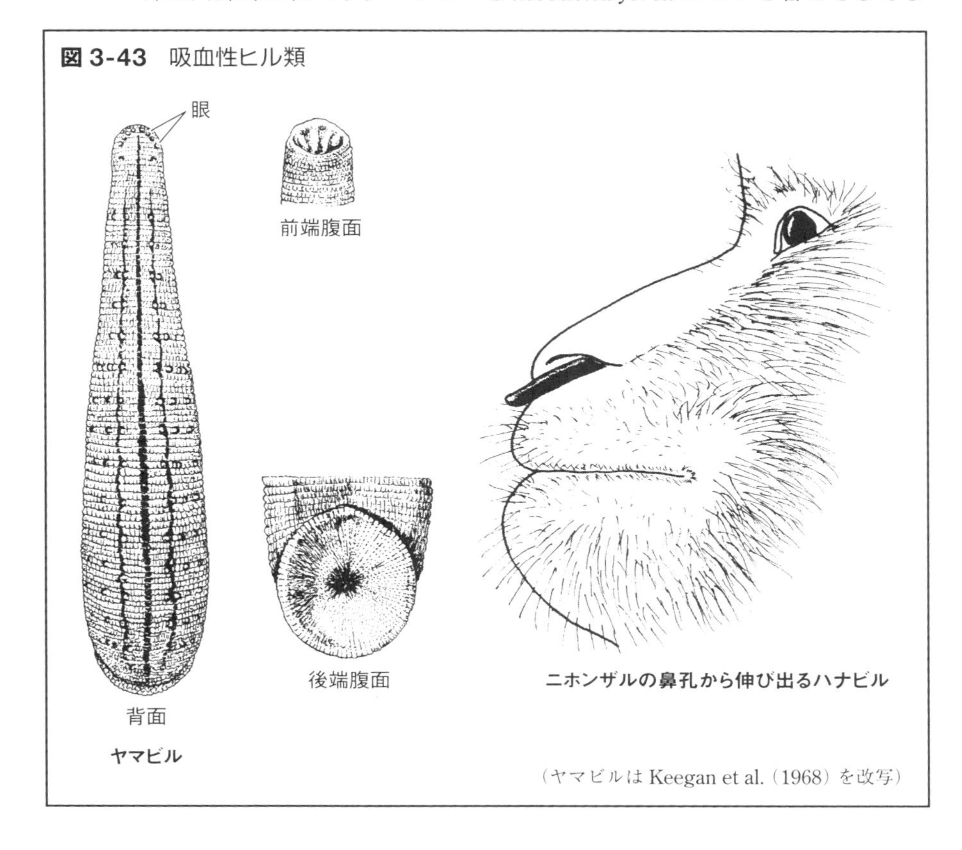

（ヤマビルは Keegan et al.（1968）を改写）

な哺乳類の鼻腔に寄生し，水牛などでは体長20cmほどになります。鼻腔を塞ぐため，呼吸困難を起こします。ハナビルの幼体は水辺にいて，哺乳類が水を飲むために口を岸辺の水につけるとき，素早く鼻に入ってきて，そのまま鼻腔で吸血して成長します。十分に成長すると，宿主が水を飲む際に水中に脱出し，交尾産卵します。ハナビルは日本では九州に分布しており，野生のニホンザルにしばしば見られます（**図3-43**）。古来世界各地でヒルは瀉血療法に用いられており，ヨーロッパでは現在でも清潔環境で飼育された医用ビル *Hirudo medicinalis* がうっ血治療に利用されています。

8 軟体動物門
Mollusca

貝やイカ，タコなどの仲間で，ほとんどは自由生活性ですが，一部は寄生に特化しています。巻貝（腹足類）の中にはヤドリニナ類のように棘皮動物のウニ，ヒトデ，ナマコなどに寄生するものがあり，外部寄生のものから宿主体内に埋没するもの，体腔や消化管に寄生するものなどさまざまな適応を遂げています。クリイロヤドリニナ *Pelseneeria castanea* は食用ウニに寄生し，水産業に影響を与えるという報告があります。

図3-44　グロキジウム

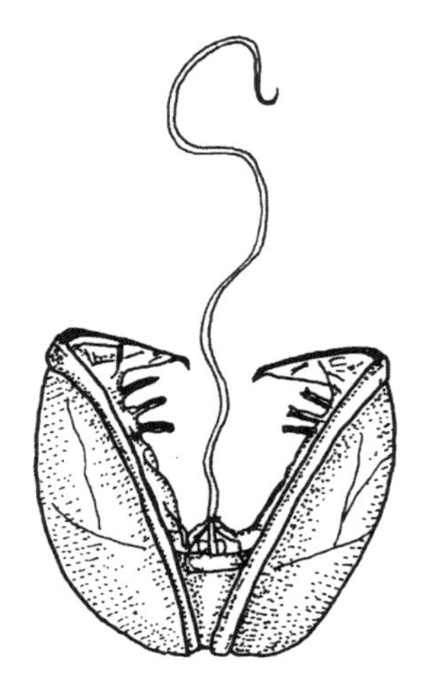

（Baer（1971）を改写）

寄生生活をすることで有名なのが淡水産のイシガイやカラスガイなどイシガイ科の二枚貝（斧足類）です。これらの貝は水底の泥砂に生息していますが，卵は雌貝の鰓が変形した哺育室で保護され，孵化した幼生は数十個が塊として出水管から放出されます。この幼虫はグロキジウムとよばれ，小さい二枚の殻をもち，腺からの分泌物が固まった糸状構造を出しています（**図 3-44**）。淡水魚が近くを通ると，水の揺らぎでグロキジウムの塊が水底から浮きあがり，魚体と接触して鰭などに付着します。するとグロキジウムは殻を閉じ，殻の端にある鉤でしっかりと固着します。その後魚体の組織反応によって，グロキジウムを取り囲む包嚢が形成されます。幼生は包嚢内で宿主の組織を液化吸収して発育し，やがて斧足を使って包嚢壁を破って水中へ脱出し，水底へ定着します。ところで，淡水魚のタナゴの仲間は，イシガイ科の貝の中に産卵して孵化まで保護してもらう習性があります。イシガイ類がいなければタナゴは種を存続できません。淡水魚とイシガイ類は寄生を通じて互いに依存しあっているともいえます。

9 舌形動物門
Linguatula

五口動物 Pentastoma とよばれることもあります。舌虫類と総称される動物で，すべて寄生性です。外見は線虫や鉤頭虫に似ていますが，系統的には節足動物（とくに甲殻類）に近く，それに含める場合もあります。多くは爬虫類の肺に寄生しますが，一部は海鳥類の気嚢や哺乳類の鼻腔などに寄生します。成虫は体長 1 ～ 16 cm ほどの円筒形ないし背腹に扁平で，頭胸部と胴部からできています。分節しているようにみえますが，それは表面的なもので，体節は形成しません。頭胸部前端近くに口が開き，その左右側方に 2 つずつ鉤があります。昔この鉤を口と見誤ったために，五口動物の名がつけられました。雌雄異体で，卵は終宿主の鼻汁に出ます。中間宿主は脊椎動物のことが多く，卵に汚染された水や食物を摂取すると，消化管内で孵化した幼虫が消化管壁を穿通して肝臓や腸間膜に至り若虫となって被嚢します。この中間宿主を終宿主が食べると寄生部位で成熟します。有名な舌虫としてイヌの鼻腔に寄生するイヌシタムシ *Linguatula serrata* やニシキヘビなどの肺に寄生するダイジャシタムシ *Armilifer armillatus*（環状環虫）や *A. moniliformis*（鎖状環虫）などがあります（**図 3-45**）。これらの中間宿主は小型の哺乳類ですが，ヤモリ類に寄生する *Raillietiella* の中間宿主は昆虫です。ヒトには成虫が寄生する場合と若虫が寄生する場合があります。成虫が寄生するのはイヌシタムシで，若虫を含んだ獣肉や内臓の不完全調理食で感染します。若虫が寄生するのはダイジャシタムシで，ニシキヘビの鼻汁や糞便に出た幼虫に汚染された水や食物の摂取や，蛇肉の不完全調理食で感染します。アフリカや東南アジアで患者が出ており，マレーシア山岳民では半数近くに寄生しているといわ

図 3-45　舌虫類

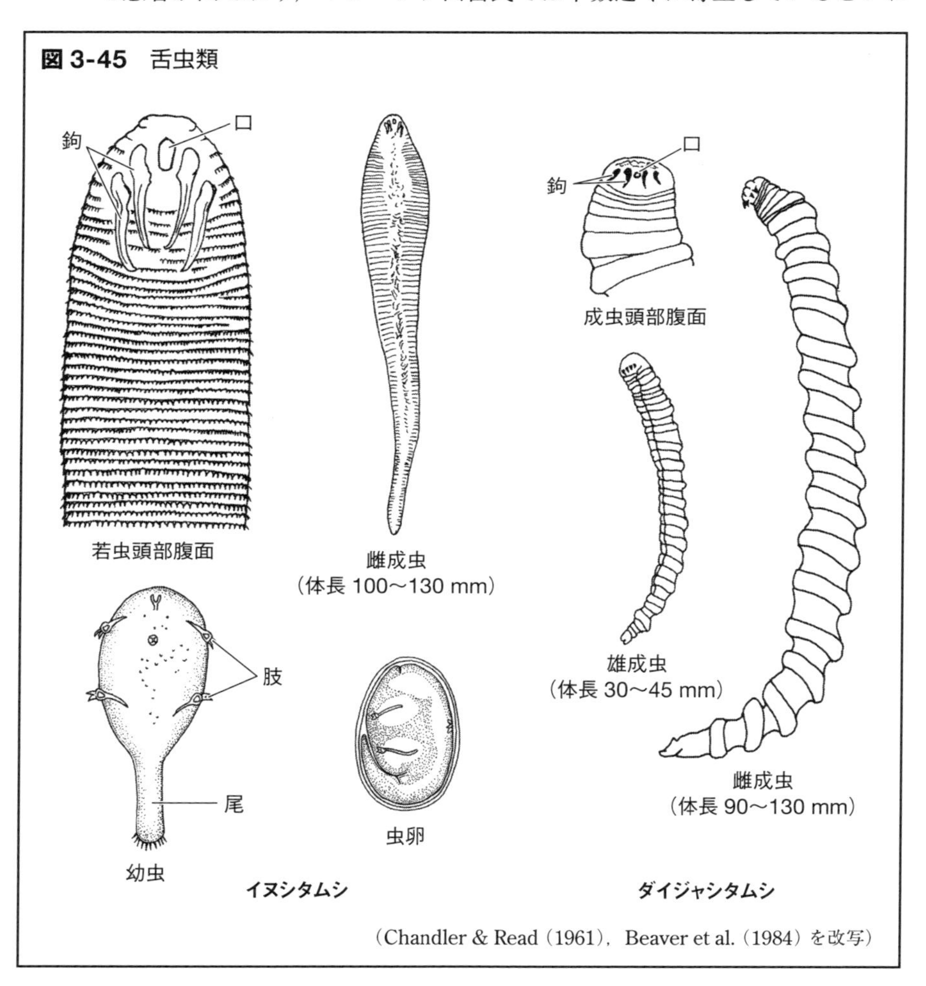

（Chandler & Read（1961），Beaver et al.（1984）を改写）

れます。

column 天然記念物と寄生虫

学術上貴重でわが国の自然を記念するものを天然記念物といい，そのうち世界的にまた国家的に価値がとくに高いものが特別天然記念物です。特別天然記念物として動物では21件が指定されています。これらの動物にももちろん寄生虫がついていますが，中にはその動物にしか見られないものもあります。オオサンショウウオに寄生するカメガイネマ *Kamegainema cingula*，スピロキシス *Spiroxys hanzaki*，メガロバトラコネマ *Megalobatrachonema nipponicum*（以上線虫類），リオロペ *Liolope copulans*（二生類）はそのような寄生虫です。オオサンショウウオ類の現生種は日本のオオサンショウウオ，中国のチュウゴクオオサンショウウオと米国のアメリカオオサンショウウオ（ヘルベンダー）しかありません。しかし今から6000万年ほど前の新生代初期には北米とユーラシアに広く分布していました。化石はヨーロッパでも知られ，その大きさと形から，18世紀にはノアの洪水で絶滅した人類と考えられていました。シーボルトが日本から持ち帰ったオオサンショウウオから，それが両生類の化石であることがわかったことは有名です。

カメガイネマ（117ページ）はハンブルクの動物園で飼育されていた日本産オオサンショウウオの皮膚から検出され，1902年にフィラリア *Filaria cingula* として記載されました。しかしその後約100年間，日本ではまったく記録はありませんでした。1915年にアメリカオオサンショウウオから1度報告されただけです。1998年に至って，水族館で飼育されていたオオサンショウウオの皮膚にできた潰瘍から糸状の虫が採れ，詳しく調べた結果，新属カメガイネマが提唱されました。アメリカのものと比べると，形態がやや異なっています。スピロキシスもアメリカオオサンショウウオに寄生するものとは別種とされています。長い間地域に隔離されている間に独自の進化をしたためでしょう。これらの寄生虫はオオサンショウウオが絶滅すれば，共に滅んでしまいます。しかしオオサンショウウオの保護は理解されても，その寄生虫の保護は相手にされません。オオサンショウウオの自然史を語る貴重な生き物なのですが。

最近，オオサンショウウオには困った問題が生じています。食用あるいはペットとして輸入され飼育されていたチュウゴクオオサンショウウオが捨てられた結果，鴨川水系では日本産オオサンショウウオとの間で交雑が起きているようです。そうなると寄生虫も相互に感染するので，日中寄生虫の雑種すら生じかねません。現にこれまで日本で検出されていない奇妙な寄生虫が採れたという情報もあります。このような撹乱は研究にとって大きな障害となります。

10 節足動物門 Arthropoda

10.1 甲殻綱 Crustacea

甲殻類はカニ，エビ，フジツボやダンゴムシの仲間で，約5万種が知られていますが，じつはそのうち約3000種が寄生性です。甲殻類は6亜綱：カシラエビ亜綱，ムカデエビ亜綱，ミジンコ亜綱（ミジンコ類），カイムシ亜綱（ウミホタル類，カイミジンコ類），アゴアシ亜綱（カイアシ類，フジツボ類，ウオジラミ類，フクロムシ類），エビ亜綱（等脚類，端脚類，カニ類，エビ類，ザリガニ類）に分けられ，アゴアシ亜綱とエビ亜綱に寄生性の種がおり，とくにカイアシ類には多くの寄生性の種を含みます。これらは多くが水域に生息するため，寄生性甲殻類の宿主は魚類やほかの甲殻類の場合が多いのですが，刺胞動物に内部寄生するものや，クジラに外部寄生するものもあります。

(1) カイアシ類 Copepoda：ケンミジンコなど自由生活性の種も含まれますが，寄生性のものはさまざまな程度に体の形を変化させています。体は一般に大型化し，触角が固着器官になったり，胸脚が退化したり，体節が融合して一見甲殻類と思われない形になっています。しかし発生は自由生活性のものと異ならず，卵からノープリウス幼生が孵化し，脱皮によってコペポディド期になります。寄生性カイアシ類でもっともなじみがあるのは，キンギョやコイの体表につくイカリムシ *Lernaea cyprinacea* でしょう（**図 3-46**）。成虫で寄生するのは雌のみで，魚体組織内に錨状の頭部を挿入して固定し，魚体外に1 cmほどの棒状の白色で細い虫体を出して，その末端に2つの卵嚢をつけています。卵嚢からノープリウス幼生が孵化し，4回脱皮して第1コペポディドに変態すると，魚体表に寄生し，移動しな

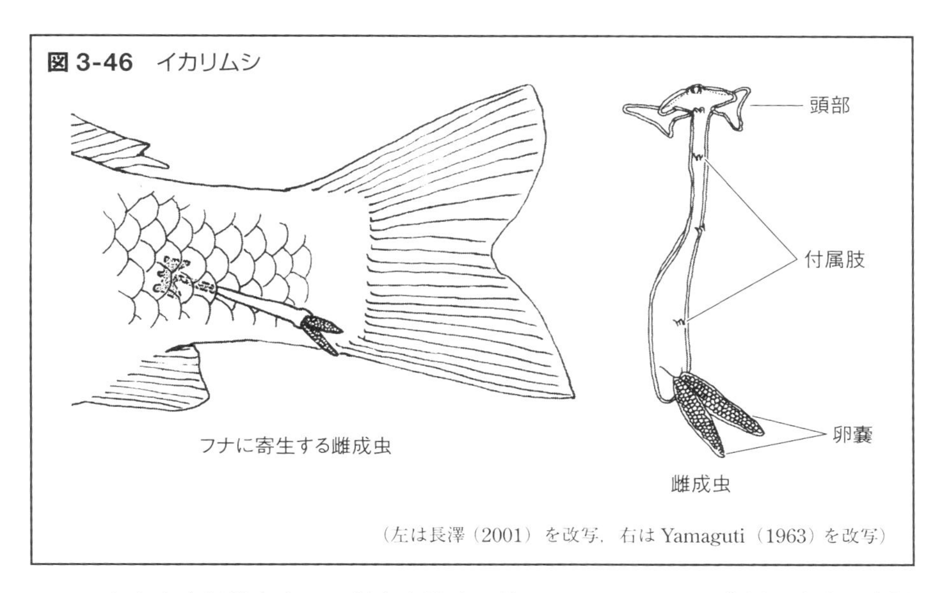

図 3-46　イカリムシ

がら上皮組織を食べて脱皮を続け，第6コペポディドで交尾します。交尾後雄は死にますが，雌は頭部の形を変えて魚組織内へ挿入して体液を摂取し，付属肢は退化的となります。イカリムシの仲間には雌が宿主体内に深くもぐり込み，種類によって腹部大動脈，心臓，網膜動脈から特異的に吸血するものがあります。

ウオジラミ類は口が筒状の口円錐となり，その内部に大顎があって，宿主の組織を削り取って摂取します。多様化が著しく，ある類は魚の体表に寄生し，水の抵抗を減らすように一般に扁平な体をもち，第2触角や顎脚が鉤爪状で宿主を把握するように変形し，しかも胸部の遊泳肢は発達していて，宿主体表を動き回ることができます。また鰓に固着寄生して吸血する仲間もいます。

ペンネラ *Pennella* は円筒形でクジラに寄生する種は体長数十 cm になります。1980 年代はじめに日本のサンマに体長数 cm の黒紫色で棒状のペンネラの1種，サンマヒジキムシ *Pennella* sp. が大発生し，1983 年には 60% 以上のサンマに寄生する状況になりました（**図 3-47**）。この虫は体の前部をサンマの筋肉内に挿入して固定し，後部を魚体外に出しているため，商品価値に影響を与えました。しかし 1980 年代後半に忽然とみられなくなりました。ペンネラ類は頭足類（タコ，イカ類）などの中間宿主を必要と

図 3-47　サンマに寄生するサンマヒジキムシ

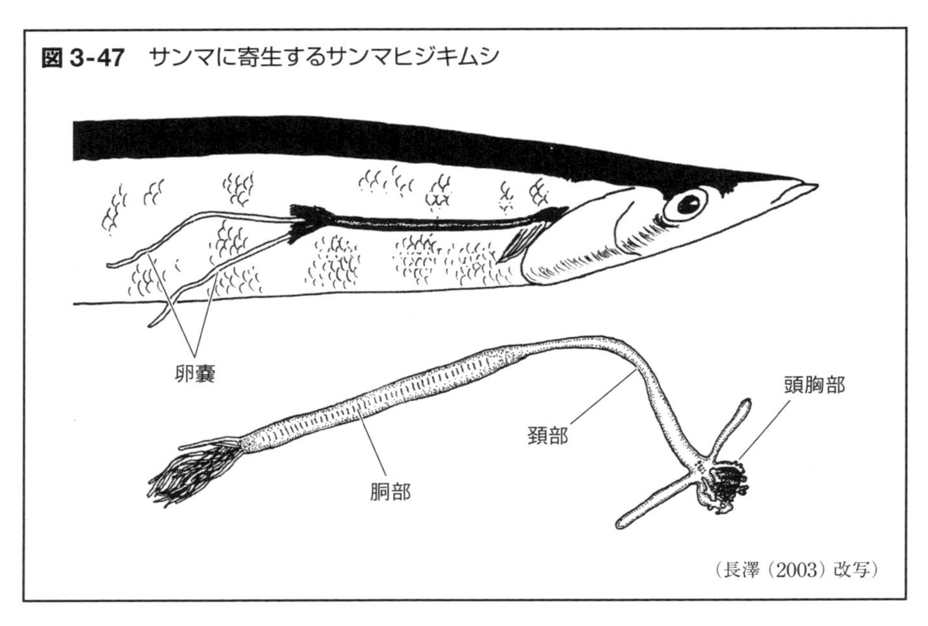

（長澤（2003）改写）

し，中間宿主に寄生している間に交尾し，その後雄は死に，雌は水中を遊泳して終宿主に到達し，成熟します。

(2)　等脚類 Isopoda：ダンゴムシでなじみのある仲間ですが，寄生性の

図 3-48　マダイの口蓋に貼りついているタイノエ

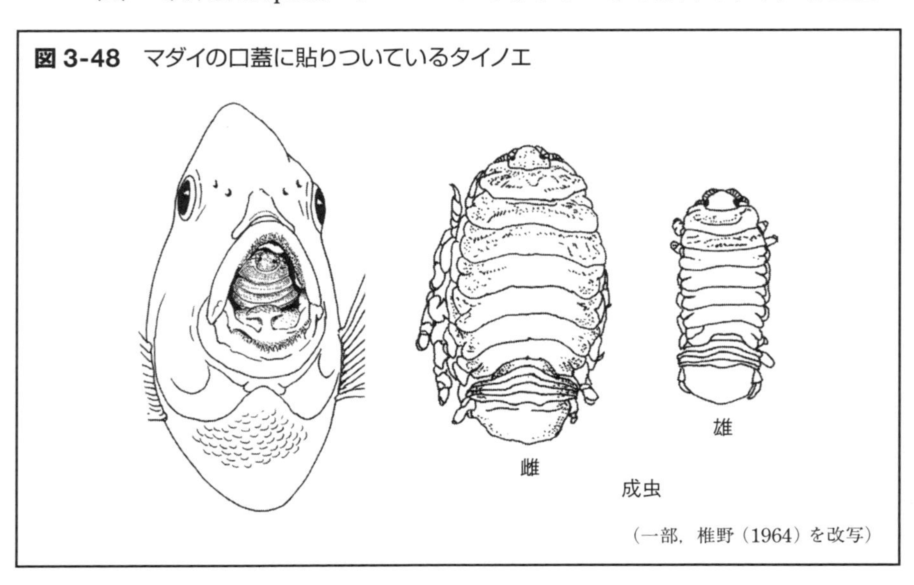

（一部，椎野（1964）を改写）

ものとして，魚類の口内に寄生するウオノエ類やエビの鰓腔に寄生するエビヤドリムシ類が知られています。多くの場合雌雄が対になって寄生しています。マダイではタイノエ *Ceratothoa verrucosa* が口蓋に貼りつくように寄生し，大型で目につきやすいので，古来知られており，「鯛の福玉」ともよばれていましたが，実際は吸血性でタイには有害です（**図 3-48**）。この仲間は宿主特異性が強く，キダイには舌に乗るように寄生する別種がいます。ウオノエやエビヤドリムシは雌雄同体で，先に宿主にたどり着いたものが雌になり，あとで来たものが雄になります。

10.2 クモ型綱 Arachnida

一般に頭胸部と腹部に分かれた体をもち，成虫では 4 対の脚があります。クモ類，サソリ類，ザトウムシ類，ダニ類など多くの目に分けられ，大部分は自由生活性ですがダニ類の一部に寄生性種を含みます。ダニ類では頭胸部と腹部が融合しています。頭部に顎体部とよばれる口器があります。卵から脚を 3 対もつ幼虫が孵化し，脱皮して脚が 4 対の若虫となり，さらに脱皮して成虫となります。分類は複雑ですが，古来肉眼的な大きさのものを ticks，微視的なものを mites とよんでいます。ticks はすべて寄生性ですが，mites の大部分は自由生活性で，一部が寄生性となっています。

(1)　マダニ Ticks：ダニの代表格で，顎体部に鉤列をもち，爬虫類，鳥類，哺乳類の皮膚に差し込んで固着し，吸血します（**図 1-11**）。多くの種類があり，成虫が吸血すると体長 1 cm を超えるものもあります。吸血の被害だけでなく，さまざまな病原体を媒介することがあり，最近の日本でもリケッチア性の日本紅斑熱やウイルス性の重症熱性血小板減少症候群などによる死者が出ています。

(2)　ツツガムシ（恙虫）Chiggers：幼虫だけが寄生性で，若虫や成虫は自由生活をします（**図 3-49**）。卵から孵化した幼虫は体長 0.2 ～ 0.3 mm と小さく，爬虫類，鳥類，哺乳類に吸着し，組織を溶かして摂取します。満腹すると宿主を離れ，脱皮して若虫になり，さらに脱皮して成虫となります。ツツガムシの幼虫はリケッチア性疾患である恙虫病を媒介することで有名です。かつて新潟，山形，秋田の大型河川の中州や両岸で流行した古典的恙虫病はアカツツガムシ *Leptotrombidium akamushi* によって媒介され，夏に多く，致死率が高いので恐れられました。致死率の低い新型恙

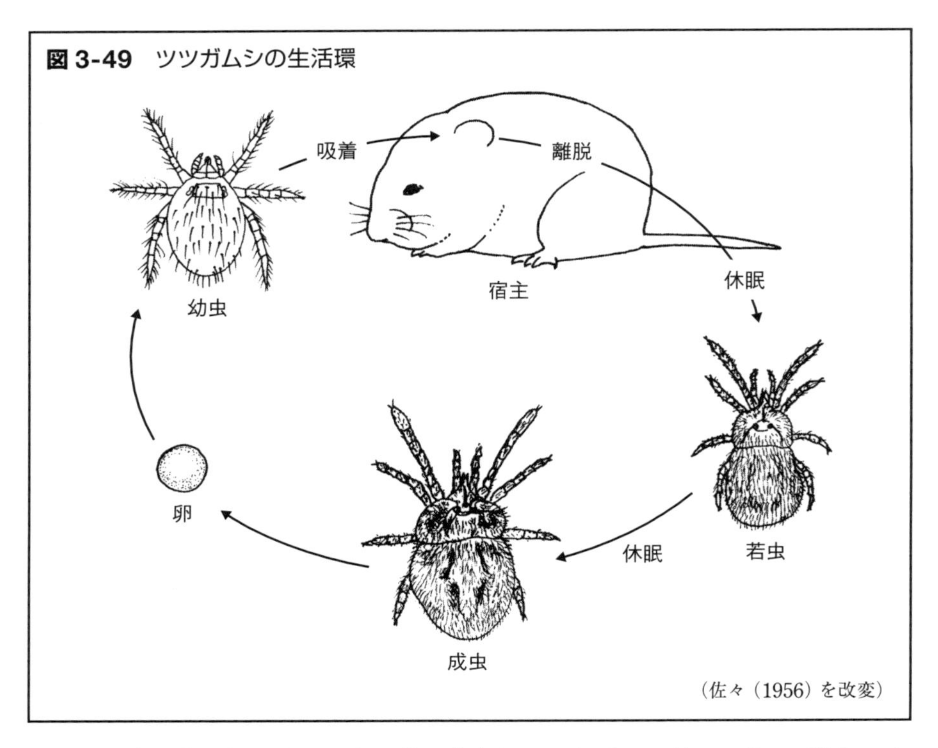

図 3-49　ツツガムシの生活環

（佐々（1956）を改変）

虫病は全国的に山野で春や秋に発生し，フトゲツツガムシ *L. pallidum* やタテツツガムシ *L. scutellare* などによって媒介されます。古典型，新型恙虫病とも診断がつけば適切な抗生物質によって救命できます。

ツツガムシにリケッチアを有する個体と有しない個体がいることから，以前はリケッチアが恙虫病のネズミからツツガムシに感染し，成虫から卵へそのリケッチアが移ることによって，その卵から孵化した幼虫がリケッチアをもち，ネズミやヒトに感染させると考えられていました。しかし恙虫病を発症したネズミにリケッチアをもたないツツガムシ幼虫を吸着させてもリケッチアが移行しないことが知られ，現在ではリケッチアはツツガムシの共生体であると考えられています。

(3)　ヒゼンダニ Itch mites：ヒゼンダニ *Sarcoptes scabiei* はカイセンチュウともよばれ，表皮内にトンネルをつくって増殖し，疥癬とよばれる皮膚疾患を起こします（**図 3-50**）。体長は成虫でも 0.4 mm ほどです。多くの哺乳類に感染していますが，ある程度宿主特異性があるらしく，ヒト

図 3-50　ヒゼンダニ

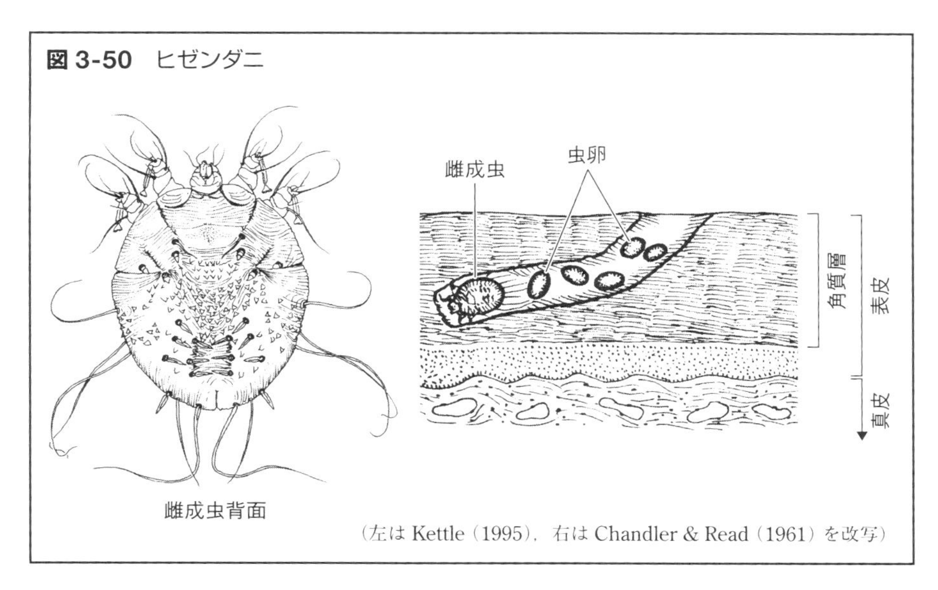

（左は Kettle（1995），右は Chandler & Read（1961）を改写）

のものは変種 *S. scabiei* var. *hominis*，イヌのものは *S. scabiei* var. *canis* などとされます。最近はタヌキやキツネにも流行し，毛の抜けた個体を見ることがあります。ヒトのヒゼンダニはとくに指間，腋下，陰部に寄生し，激しい掻痒感を伴う疥癬を起こします。接触感染のため不潔な集団生活者に多く，また病院で入院患者に集団発生することがあります。免疫の低下した場合などには寄生するダニの数が莫大になり，皮膚角皮が増殖してひどい場合は牡蠣殻様になって，ノルウェー疥癬とよばれる状態になります。治療にはフィラリア症や糞線虫症に使われるイベルメクチンが有効です。ネコショウセンコウヒゼンダニ *Notoedres cati* はネコに疥癬を起こしますが，ヒトやイヌなどにも寄生して皮膚炎を起こします。

(4)　ニキビダニ（毛包虫）Follicular mites：*Demodex folliculorum* と *D. brevis* は 0.3 ～ 0.4 mm のウジ状で，ヒトの顔面の毛包内に寄生しています。かなりふつうにいると考えられていますが，病害性が低いため，実態はよくわかっていません。ステロイド剤の使用によって免疫が低下すると増殖し，膿疱を形成することがあります。

10.3 昆虫綱 Insecta

昆虫は一般に 3 対の脚，2 対の翅をもつ節足動物で，ほとんどが自由生活をしますが，一部は寄生性に特化しています。その代表は吸血性のノミとシラミで，いずれも翅が退化しています。

(1) ノミ類 Fleas（隠翅目）：ノミと宿主の関係はだいたい決まっていますが，あまり厳密ではありません。ヒトノミ *Pulex irritans* はおもにヒトを吸血しますが，現在の日本ではまずみることはできません。最近ヒトを吸血するのはおもにネコノミ *Ctenocephalides felis* やイヌノミ *C. canis* で，本来はネコやイヌに寄生するものです。ノミの体は左右に偏圧されており，動物の毛の間を移動しやすくなっています。また脚が発達して跳躍に適しています。スナノミ *Tunga penetrans* のように雌虫が皮膚内に寄生するものもあります。ノミはペストや発疹熱を媒介し，瓜実条虫や縮小条虫の中間宿主になります。ペストは元来ネズミなどの細菌性疾患で，おもにケオプスネズミノミ *Xenopsylla cheopis* によって媒介されます。このノミは宿主域が広く，容易にヒトを吸血します。ペスト菌はケオプスネズミノミに感染すると中腸内で増殖して前胃内に塊をつくります。するとこの塊が吸血の際に血液の通過を妨げるため，ノミは飢え，やたらに宿主を刺し回るようになり，ペスト菌を広く伝播することになるといわれます。

(2) シラミ類 Sucking lice（虱目）：宿主特異性が一般にノミより強く，ヒトにはヒトジラミ *Pediculus humanus*（**図 1-11**）とケジラミ *Pthirus pubis*（**図 3-51**）が寄生します。ヒトジラミには頭髪について頭皮から吸血するアタマジラミと，衣類に隠れて体部から吸血するコロモジラミがあ

図 3-51　ケジラミ

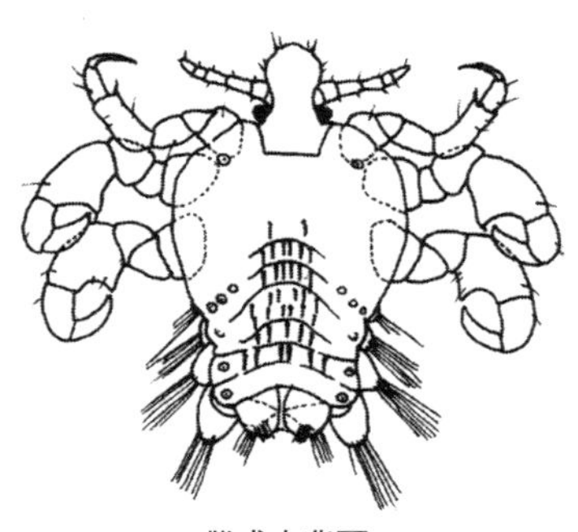

雌成虫背面

（Kettle（1995）を改写）

り，生態的に独立していて，別種あるいは別亜種に扱われることもあります。ヒトジラミはチンパンジージラミ *P. schaeffi* に近く，DNA の分析から両者は 600 万年前の共通祖先から分かれたとされています。コロモジラミはヒトが進化の過程で衣類を身につけるようになった時代にアタマジラミから分かれたとされ，その時期は遅くとも 8 万 3 千年前，早ければ 17 万年前と推定されています。またアタマジラミには 2 つの系統がみられ，そのうち 1 つは全世界にいますが，もう一方は北米にしかみられず，後者は現生人類がアフリカから分布を拡大してくる途上，アジアで原人 *Homo erectus* と接触した際に乗り移られた系統という見方があります。ケジラミは陰毛をつかんで吸血し，おもに性交渉で感染します。ケジラミはゴリラジラミ *Pthirus gorillae* に近縁で，DNA 解析から 330 万年前に共通祖先から分かれたと推定されています。人類が進化の途上で体毛を失ってアタマジラミが頭毛に限局され，陰毛がニッチとして空いたのでゴリラのシラミがとりついたのだという説があります。

シラミは吸血によって激しい痒みを起こすだけでなく，コロモジラミはリケッチア性疾患である発疹チフス，塹壕熱，スピロヘータ性疾患である回帰熱などを媒介します。コロモジラミはかつてごくふつうにみられましたが，DDT など殺虫剤の使用によって激減しました。現在の日本ではアタマジラミが幼稚園や小学校低学年で流行することがあります。

(3) ハジラミ類 Chewing lice（食毛目）：シラミと名がついていますが，鳥類の羽毛や哺乳類の被毛に寄生し，羽，毛，皮膚あるいは皮脂腺の分泌物を食べています（一部の種は血液や血漿を摂取します）。宿主特異性が強く，また宿主のどの部位に寄生するか決まっている場合が少なくありません。

(4) 寄生性ハエ類 Parasitic flies（双翅目）：ハエ幼虫症はハエの幼虫（ウジ）が寄生して起きる病気で，真正寄生の種にはウマの胃に寄生するウマバエ *Gasterophilus intestinalis* やムネアカウマバエ *G. nasalis*，ヒツジの皮膚に寄生するヒツジバエ *Oestrus ovis* などがおり，畜産業に大きな影響を与えます。ウマバエ類の幼虫はその形から俗にタケノコ虫とよばれます（**図 3-52**）。ヒトヒフバエ *Dermatobia hominis* は南米にみられ，雌成虫はカなど吸血性昆虫を捕まえてその腹面に産卵し，それが人を吸血するときに卵が孵化して，刺し口から皮膚に入って発育します（**図 3-53**）。十分

図 3-52 ウマバエ類

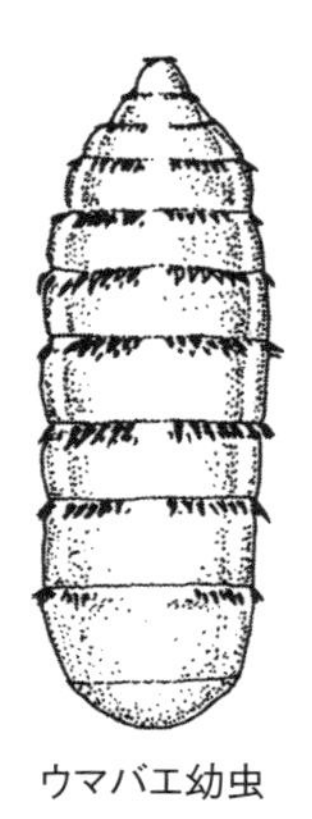

ウマバエ幼虫

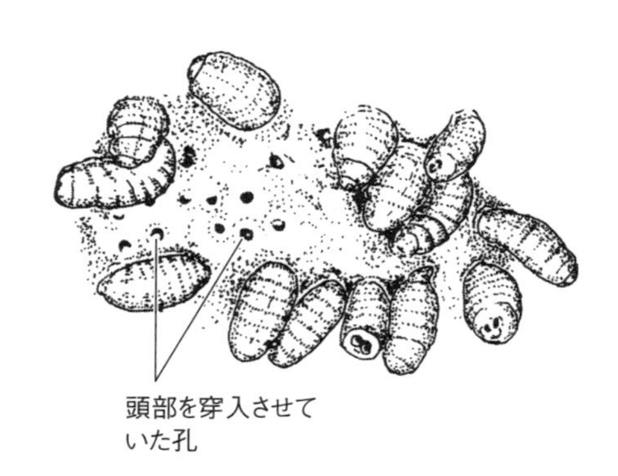

ウマ胃壁へのムネアカウマバエ幼虫の寄生状況

（左は Kettle（1995）を改写，右は Georgi & Georgi（1990）を改写）

図 3-53 ヒトヒフバエの皮膚内寄生状況

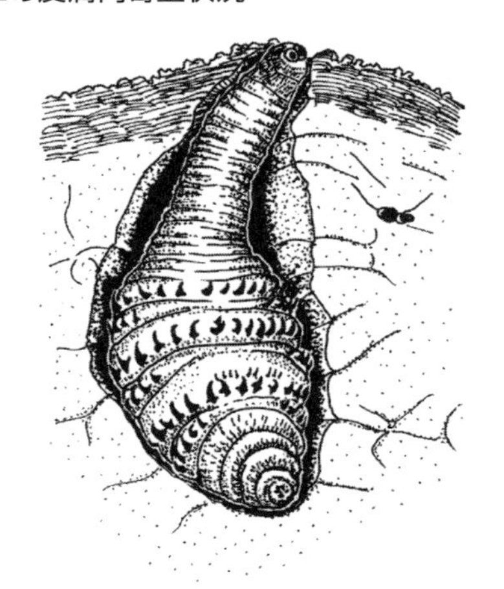

（Beaver et al.（1984）を改写）

に育つと皮膚から脱出し，土中で蛹になり，羽化します。アフリカのヒトクイバエ *Cordylobia anthropophaga* は糞尿臭のする衣類に産卵し，この衣類を身につけたヒトに感染し，皮膚に寄生します。これらの皮膚寄生種は，ときに組織深部や脳に入り込み，致死的となることがあります。このような真の寄生性の種でなくとも，さまざまなハエの幼虫が偶発的に眼，鼻腔，口腔，外耳などに寄生することがあります。また壊死した組織にも寄生することがあり，害よりもむしろ治癒を助ける益があるとして，無菌的に飼育したハエの幼虫を医療に応用する場合があります。イヌイットはカリブーの皮膚に寄生するハエ Warble fly の幼虫を珍味として食用にしています。このほかコウモリバエやクモバエは成虫がコウモリの外部に寄生し，形態が特殊化していて，とくに後者は一見クモにみえます。

(5) ネジレバネ類 Strepsipterans（撚翅目）は小さいグループで，雄は翅があり，自由生活をしますが，雌はウジ状でほかの昆虫の体内に寄生します。

あとがき

「寄生虫」という一般に忌み嫌われている存在に，人間と共通する生命原理があり，さらに不思議な現象があり，進化があり，独特の生活があり，そこに美すらある，ということに眼を開いてほしい，というのが著者の願いです。読者諸賢にこの思いが伝われば望外の喜びです。

本書の執筆を依頼されたのは2012年の2月でした。寄生繊毛虫研究の大家である今井壯一日本獣医生命科学大学教授（当時）のご推薦と伺いました。そのころ私は医学部の生物学講義・実習のほかに，「パラサイトから見た生命」と名づけた全学向けの教養授業を担当していました。本書の第1，2章はこの講義内容を基にして書かれています。しかし定年前の多忙な時期で，なかなか筆を進めることができず，とくに図の作成にまとまった時間を要するため，結局原稿が完成したのは依頼を受けてから4年後になってしまいました。この間予期せぬことに，今井先生が急逝されるという悲報に接しました。折角のご推薦をいただきながら，遅筆のゆえに完成した本書をお見せできなかったことは慚愧に堪えません。ご霊前に本書を捧げ，ご冥福をお祈りする次第です。

快く監修の労をおとりいただいた（公財）目黒寄生虫館館長小川和夫先生，辛抱強く励まし続けられた講談社サイエンティフィクの小笠原弘高様に厚く御礼申し上げます。

2016年6月　大分県別府市にて

長谷川英男

参考文献

Anderson, R. C. (2000), Nematode Parasites of Vertebrates. (2nd ed.) CAB Inernational.

審良静男・黒崎知博（2014），新しい免疫入門，講談社ブルーバックス．

Ashford, R. W. & Crewe, W. (2003), The Parasites of *Homo Sapiens*. (2nd ed.) Taylor & Francis.

Baer, J. G. (1971), Animal Parasites. George Widenfelt & Nicolson.（竹脇潔訳 1973：動物の寄生虫，平凡社）

Bain, O. (1972), Ann. Parasitol. Hum. Comp. **47**: 251-303.

Beaver, P. C. (1952), Am. J. Clin. Pathol. **22**: 481-494.

Beaver, P. C. et al. (1984), Clinical Parasitology. (9th ed.)

Bush, A. O. et al. (2001), Parasitism. The Diversity and Ecology of Animal Parasites. Cambridge.

Chandler, A. C. & Read, C. P. (1961), Introduction to Parasitology. (10th ed.) Wiley-Toppan.

Combes, C. (2001), Parasitism. The Ecology and Evolution of Intimate Interactions. Univ. Chicago Press.

Crompton, D. W. T. (1999), J. Parasitol. **85**: 397-404.

Gardiner, C. H. et al. (1998), An Atlas of Protozoan Parasites in Animal Tissues. (2nd ed.) Armed Forces Institute of Pathology 84pp.

Georgi, J. R. & Georgi, M. E. (1990), Parasitology for Veterinarians. (5th ed.) Saunders.

Gilbert, S. F. (1991), Developmental Biology. Sinauer.

長谷川英男（1986），Akamata (3): 29-31.

長谷川英男（2003），鉤頭虫綱，西田睦ほか（編），琉球列島の陸水生物，東海大学出版会．

Horvath, J. E. and Willard, H. F. (2007), Trends in Genetics **23**:173-182.

Hyman, L. H. (1951), Invertebrates. III. McGraw-Hill.

Imai, S. et al. (1991), Europ. J. Protistol., **26**: 270-278.

井上 巌（1965），類線虫綱，内田 亨（編），動物系統分類学 4　袋形動物，中山書店．

加藤征治（2013），リンパの科学，講談社ブルーバックス．

Keegan et al. (1968), Blood Sucking Asian Leeches of Families Hirudidae and Haemadipsidae. 406th Med. Lab. Spec. Rep.

Kent, G. C. Jr. (1969), Comparative Anatomy of Vertebrates. (2nd ed.) Mosby-Toppan.

Kettle, D. S. (1995), Medical and Veterinary Entomplogy. (2nd ed.) CAB International.
Khalil, L. F. et al. (1994), Keys to the Cestode Parasites of Vertebrates. CAB International.
小島荘明（1993），New 寄生虫病学，南江堂.
小宮義孝（1965），日本における寄生虫学の研究 3，目黒寄生虫館.
厚生労働省（2016），感染症発生動向.
Mace, T. F. & Anderson, R. C. (1975), Can. J. Zool., **53**: 1552-1568.
Margulis, L. & Schwalz, K. V. (1998), Five Kingdoms. (3rd ed.) Freeman.
目黒寄生虫館（2007），目黒寄生虫館ガイドブック.
Mehlhorn, H. (2008), Encyclopedia of Parasitology. Springer.
Moore, D. V. (1946), J. Parasitol. **32**: 257-271.
Moore, J. (2002), Parasites and the Behavior of Animals. Oxford Univ. Press.
長澤和也（2001），魚介類に寄生する生物，成山堂.
長澤和也（2003），さかなの寄生虫を調べる，成山堂.
長澤和也編（2004），フィールドの寄生虫学，東海大学出版会.
小川和夫（2005），魚類寄生虫学，東京大学出版会.
岡田 要ほか編（1965），新日本動物図鑑（下），北隆館.
Ozaki, K. (1935), J. Sci. Hiroshima Univ. Ser. B. Div. 1, Zool. **4**: 23-34.
Pitelka, D. R. (1963), Electron-Microscopic Structure of the Protozoa. Pergamon Press.
佐々 学（1956），恙虫と恙虫病，医学書院.
佐藤矩行ほか編（2004），発生と進化，岩波書店.
椎野季雄（1964），動物系統分類学 7（上），節足動物（I）総説・甲殻綱，中山書店.
白山義久編（2000），無脊椎動物の多様性と系統，裳華房.
Skrjabin, K. I. et al. (1957), Essentials of Nematodology VI. Akademii Nauk SSSR.
Smyth, J. D. (1994), Introduction to Animal Parasitology (3rd ed.) Cambridge Univ. Press.
Swezey, W. W. (1934), J. Morphol., **56**: 621-635.
Thompson, R. C. A. (ed.) (1986), The Biology of Echinococcus and Hydatid Disease. George Allen & Unwin.
Traub, R. (1985), Coevolution of fleas and mammals. In: Kim, K. C. (ed.) Coevolution of Parasitic Arthropods and Mammals. Wiley-Interscience.
Tripathi, Y. R. (1959), Ind. J. Helminthol. **9**: 1-149.

Van Cleave, H. J. (1924), Proc. Acad. Nat. Sci. **76**: 279-334.
Yamaguti, S. (1958-1963), Systema Helminthum. I - V. Wiley & Sons.
Yamaguti, S. (1963), Parasitic Copepoda and Brachiura of Fishes. Interscience Publ.
Yamaguti, S. (1971), Synopsis of Digenetic Trematodes of Vertebrates. Keigaku Publ.
Yamaguti, S. (1975), A Synoptical Review of Life Histories of Digenetic Trematodes of Vertebrates. Keigaku Publ.
横川宗雄ほか（1974），人体寄生虫学提要，杏林書院．

索引

欧文

あ

か

さ

た

な

は

ま

や

ら

監修者紹介

小川和夫（おがわかずお）　農学博士
1974年　東京大学大学院水産学研究科修士課程修了
公益財団法人目黒寄生虫館名誉館長、東京大学名誉教授

著者紹介

長谷川英男（はせがわひでお）　医学博士
1978年　新潟大学大学院医学研究科博士課程修了
大分大学名誉教授

NDC491　159p　21cm

絵（え）でわかるシリーズ
絵（え）でわかる寄生虫（きせいちゅう）の世界（せかい）

2016年10月17日　第1刷発行
2024年 9 月 3 日　第2刷発行

監修者　小川和夫（おがわかずお）
著　者　長谷川英男（はせがわひでお）
発行者　森田浩章
発行所　株式会社　講談社
〒112-8001　東京都文京区音羽2-12-21
販　売　(03) 5395-4415
業　務　(03) 5395-3615

KODANSHA

編　集　株式会社　講談社サイエンティフィク
代表　堀越俊一
〒162-0825　東京都新宿区神楽坂2-14　ノービィビル
編　集　(03) 3235-3701

本文データ制作　株式会社　エヌ・オフィス
印刷所　株式会社　平河工業社
製本所　株式会社　国宝社

ISBN 978-4-06-154771-1